计算机前沿技术丛书

从程序员到架构师

大数据量、缓存、高并发、微服务、多团队协同等核心场景实战

王伟杰 / 编著

机械工业出版社
CHINA MACHINE PRESS

本书分为数据持久化层场景实战、缓存层场景实战、基于常见组件的微服务场景实战、微服务进阶场景实战和开发运维场景实战5个部分，基于对十余个架构搭建与改造项目的经验总结，介绍了大数据量、缓存、高并发、微服务、多团队协同等核心场景下的架构设计常见问题及其通用技术方案，包含冷热分离、查询分离、分表分库、秒杀架构、注册发现、熔断、限流、微服务等具体需求下的技术选型、技术原理、技术应用、技术要点等内容，将技术讲解与实际场景相结合，内容丰富，实战性强，易于阅读。

本书适合计划转型架构师的程序员及希望提升架构设计能力的IT从业人员阅读。

图书在版编目（CIP）数据

从程序员到架构师：大数据量、缓存、高并发、微服务、多团队协同等核心场景实战/王伟杰编著．—北京：机械工业出版社，2022.1（2024.5重印）

（计算机前沿技术丛书）

ISBN 978-7-111-69984-2

Ⅰ.①从…　Ⅱ.①王…　Ⅲ.①软件设计　Ⅳ.①TP311.5

中国版本图书馆CIP数据核字（2022）第006756号

机械工业出版社（北京市百万庄大街22号　邮政编码100037）

策划编辑：赵小花　责任编辑：赵小花

责任校对：徐红语　责任印制：单爱军

北京虎彩文化传播有限公司印刷

2024年5月第1版第5次印刷

184mm×240mm・13.75印张・275千字

标准书号：ISBN 978-7-111-69984-2

定价：89.00元

电话服务		网络服务	
客服电话：	010-88361066	机　工　官　网：	www.cmpbook.com
	010-88379833	机　工　官　博：	weibo.com/cmp1952
	010-68326294	金　　书　　网：	www.golden-book.com
封底无防伪标均为盗版		机工教育服务网：	www.cmpedu.com

序

PREFACE

程序员之间的能力差异在哪里？ 如果是学技术，大家可以阅读同样的书籍和网络文章，为什么还会造成最终专业能力的差异?

我认为有三点。

1. 经历的场景不同：

同样大学毕业的程序员，学习能力的差别并不会很大，可是为什么行业头部公司的程序员更受欢迎？ 原因就是他们经历的场景不一样，头部公司就职的程序员会碰到更多在其他公司没有机会碰到的业务场景。

2. 在同一个场景中思考的角度不同：

同样一个场景中，可以看到全局、从业务问题推导到最终技术细节的人，和基于别人的设计开始开发的人，其收获并不一样。

3. 解决问题的方法论不同：

程序员是不可能掌握所有技术的，这就要求他们用20%的技术知识解决80%的问题。所以当碰到一个新的业务场景时，关于如何从0到1设计出方案并最终落地，每个人的方法论是有差异的。

我推荐你阅读这本书，因为本书抛开教条和理论，精心选取作者16次架构经历，从易到难，从单一技术到组合技术，层层深入，以实际的业务问题作为切入点，讲解方案设计过程，让你轻松看懂解决方案，理解背后的实现原理。 本书行文逻辑完全源于现实当中的思考历程，通俗易懂，让你在酣畅淋漓的阅读体验上，习得场景、纵览全局，了解作者解决问题的方法论，从而提升自己的架构设计能力。

最后，额外说一下个人发展。 建信金融科技（建信金科）作为银行业头部金融科技公司，本身就要处理非常复杂且多样的业务场景，而在国家金融创新的背景下，还会日趋复杂，这就需要每个人有长期发展的能力，以已知探未知。 那么，什么样的能力是长期发展的能力?

我认为，一个人要能够长期发展，就要不断探索和解决新的业务场景，全局思考，并且有一套发现问题、高效学习、解决问题、总结改进的方法论。 只要具备这样的能力，那么，不只是 35 岁，任何年龄对你来说，都不是桎梏。

而这些能力，其实也是本书的核心要义。

李晓敦
建信金融科技基础技术中心总裁

前言

FOREWORD

随着社会节奏的日益加快，碎片化学习逐渐成为人们获取知识的主要方式，虽然能学到很多知识，但这些知识往往零散琐碎、不系统。

刚学习 Spring 时，每当看到 Spring 的示例代码，我先是恍然大悟："哦，原来 Spring 还有这个功能！"然后赶紧把这段代码复制到自己的代码库里。

琢磨一番后发现："不行，我还是得完整掌握 Spring。"于是又在网络上寻找完整的 Spring 学习文档。但利用碎片化时间看完一半后，还是决定放弃了。

碎片化学习知识时，人们往往追求实用，对用得上的知识学得很快，而那些暂时用不到或没有融合使用场景的知识却不容易记住，每次看完就忘，一直这样循环往复。相信大部分人也都跟我一样，往往是真正遇到问题时才会去想对应的解决方案。

我是什么时候开始能完整看完 Spring 官方文档的？ 是在明白了 Spring 大部分功能的使用场景后。

同样的经历也发生在我的 Spark 学习之路上，我有过多次 Spark 从入门到放弃的经历，直到有一天碰到了一个实际业务问题——需要定期分析大量数据并生成分析结果，在解决这个问题的过程中，我才真正理解了 Spark 的用途。

这就和有些人一直不明白架构师到底是做什么的一样，直到有一天，他们遇到了一个具体的问题，摸索出了一个可行的方案，才明白：原来架构师是这样解决问题的。

因此，如果想要学好软件架构，基于场景的学习方式最有效。因为一旦理解了业务场景，就能很容易地看懂某个解决方案，并理解解决方案背后的实现原理。

那么，有没有这样一本书：

它没有教条，没有理论，就像讲故事一样，将个人架构实战经历娓娓道来。

它先讲清楚需要解决的问题，然后诉说个人架构的心路历程，并将实现思路结合起来，阐述整体方案，最后引申出解决方案的不足及更多思考。

在做了大量市场调研后我并没有找到此类书籍，于是就产生了一个想法，可不可以自己写一本这样的书，来填补这块空白？

本书讲的是架构，可是，什么是架构？

什么是架构？

关于架构，我以前一直以为，只有真正从 0 到 1，经历各种技术选型后搭建出来的一个系统框架，才算是真正的架构。

但现实是，随意在 Github 上搜索一个框架，比如 Spring Cloud 脚手架，就有很多相关的教程。而且，对于从 0 开始的业务来说，技术选型有那么重要吗？ 实际工作中不都是技术创始人熟悉哪个技术栈就用哪个技术栈吗？

如果脚手架不是架构，那什么是？

来看看软件架构的定义。

软件架构是一系列相关的抽象模式，用于指导大型软件系统各个方面的设计。软件架构是一个系统的草图，描述的对象是直接构成系统的抽象组件，各个组件之间的连接明确和相对细致地描述组件之间的通信。在实现阶段，这些抽象组件被细化为实际的组件，比如具体的某个类或者对象。在面向对象领域中，组件之间的连接通常用接口来实现。软件架构是构建计算机软件的基础。与建筑师制订建筑项目的设计原则和目标来作为绘图员画图的基础一样，一个软件架构师或者系统架构师设计软件架构以作为满足不同客户需求的实际系统设计方案的基础。

是不是很难理解？

我以前有个领导，原来是 Oracle 的 VP，那时候公司在推行 Scrum，我就问他，学 Scrum 最重要的是什么？

他说，是“体验”，先别去刻意记忆那些规则，而是跟着前辈做项目，在里面认真体验一段时间，自然就懂了。

我觉得这一方法在学习上也可以参考：先不去纠结什么是架构，而是去探索架构要解决什么问题、要处理什么样的场景。 这就是本书的立足点。

从实际场景中学架构

我职场深耕 15 余载，经历过数十次互联网架构业务。在这几十次的架构经历中，有些因与业务紧密结合无法单独拿出来，但有些可以从特定业务需求中剥离出来变成技术思路上通用的解决方案。其中可以抽取归纳的架构经历共16次，本书将这16次真实的架构经历整理成一套知识体系，方便读者更加系统地理解它们，最终内化为自己的知识。

根据架构设计的立足点，本书划分为5个部分。

- 第1部分：数据持久化层场景实战。主要讲解存储的数据量太大影响读写性能时，如何在存储层采取措施来解决性能问题。学完这部分内容后，当遇到数据量大的问题时，就可以直接从中找到参考答案。
- 第2部分：缓存层场景实战。主要讲解大流量时，如何避免流量直接压垮数据库层。学完这后，当遇到缓存层场景问题，就知道如何进行架构设计了。
- 第3部分：基于常见组件的微服务场景实战。主要讲解业务逻辑分布在不同的服务时，如何使用一些常见的组件去解决其中的各种问题。通过这部分内容的学习，能快速掌握一些微服务的基本原理，并灵活地组合一些常见微服务组件，或结合自研的一些框架来解决微服务场景问题。
- 第4部分：微服务进阶场景实战。在学完基于常见组件的微服务场景实战内容后，这个模块将先用各种真实经历让你提前体会在大公司使用微服务时会面临的一些问题，然后通过真实的架构经历来讲解使用无常见组件可用的微服务时所面临的一些问题及其解决方案。
- 第5部分：开发运维场景实战。主要讲解如何通过一些架构上的设计来提高开发效率和测试微服务的效率。

书中会穿插一些内容，用来专门讲解在解决方案中使用相应技术时会碰到的问题，比如使用Elasticsearch时，分页、延时等问题如何解决。还会有一些知识延伸，比如为什么大家都在说康威定律。这些问题在面试中经常会被问到，因此这部分内容对架构面试的帮助非常大。

16次架构实战经验

在程序员的现实世界里，不想当架构师的程序员不是个好程序员，即使你未曾主动想去当架构师，现实有时也会把你推到那个位置，而提前设计好自己的职业发展路径，远好过被动等待。

如果你想晋升为一名软件架构师，则需要同时具备架构思维和架构经历。那这两个要素如何快速积累？ 前者可以通过学习，而后者需要机会。

不同的程序员，其提交代码的质量及功能交付的速度各有不同，他们之间的差距在于看问题的视角不同，即所谓的“全局思维”。比如，有些程序员只熟悉自己设计的一些功能，或者自己负责的几个类，而那些优秀的程序员则更清楚整个架构如何运作，以及个人负责的代码会在架构全局中起到什么关键作用。

一个人的全局思维一旦形成，就会对其系统架构设计能力产生重大影响，也直接决定着一个架构师解决问题域的复杂性和规模大小。

前面提及架构经历必须靠机会，那机会如何而来？

举个例子，某天 CTO 遇到一个架构问题需要找人突破，而团队中碰巧有一个人研究过类似场景，懂得如何使用一些组合技术来解决这个问题，那么这位 CTO 自然会让他试一下。

再比如，在架构师面试过程中，面试官往往会让你聊聊实际开发经历，旨在考察你对业务场景的理解、解决问题的思路、考虑问题的全面性及对解决方案的熟悉度。如果在此之前，你已将相关架构经历做了归纳总结，那回答时肯定胸有成竹，侃侃而谈，面试成功的概率也会更大。

所以，机会并不会凭空而降，因为机会都是留给有准备的人。

本书将结合 16 次真实架构经历，完整、具体地将架构设计过程呈现出来，在通过各种场景帮你巩固架构实现原理和设计知识的同时，也是一种架构经历的丰富。看完本书后，你不仅可以更加自信地去争取更多解决架构问题的机会，面试架构师的成功率也会高一些，离架构师这个目标职位也就越来越近。

成为架构师

只有先懂场景才能学好架构，相信看完本书之后，无论是在全局的架构思维上，还是面试时的思路展现上，抑或工作难点的突破上，你都会得到全面的提升。

一起学好软件架构，尽快成为一个优秀的架构师！

编　者

CONTENTS 目录

PART 1

第 1 部分

数据持久化层场景实战

第1章 冷热分离

本书讲的第一个场景是冷热分离。简单来说，就是将常用的“热”数据和不常使用的“冷”数据分开存储。

本章要考虑的重点是锁的机制、批量处理以及失败重试的数据一致性问题。这部分内容在实际开发中的“陷阱”还是不少的。

首先介绍一下业务场景。

1.1 业务场景：几千万数据量的工单表如何快速优化

这次项目优化的是一个邮件客服系统。它是一个 SaaS（通过网络提供软件服务）系统，但是大客户只有两三家，最主要的客户是一家大型媒体集团。

这个系统的主要功能是这样的：它会对接客户的邮件服务器，自动收取发到几个特定客服邮箱的邮件，每收到一封客服邮件，就自动生成一个工单。之后系统就会根据一些规则将工单分派给不同的客服专员处理。

这个系统是支持多租户的，每个租户使用自己的数据库（MySQL）。

这家媒体集团客户两年多产生了近2000 万的工单，工单的操作记录近1 亿。

平时客服在工单页面操作时，打开或者刷新工单列表需要10 秒钟左右。

该客户当时做了一个业务上的变更，增加了几个客服邮箱，然后把原来不进入邮件客服系统的一些客户邮件的接收人改为这几个新增加的客服邮箱，并接入这个系统。

发生这个业务变更以后，工单数量急剧增长，工单列表打开的速度越来越慢，后来客服的负责人发了封邮件，言辞急切，要求尽快改善性能。

项目组收到邮件后，详细分析了一下当时的数据状况，情况如下。

1）工单表已经达到3000 万条数据。

2）工单表的处理记录表达到1.5 亿条数据。

3）工单表每日以 10 万的数据量在增长。

当时系统性能已经严重影响了客服的处理效率，需要放在第一优先级解决，客户给的期限是 1 周。

在客户提出需求之前，项目组已经通过优化表结构、业务代码、索引、SQL 语句等办法来提高系统响应速度，系统最终支撑起了 3000 万数据的表查询。这次只能尝试其他方案。

因为给的时间太少了，所以也不太可能去做一些大的架构变动，项目组的预期是先用改动最小的临时性方案让客服可以正常工作。

如果不想改动架构，那么最简单的方法就是使用数据库分区，这样的话甚至都不需要改代码。

项目组一开始考虑用数据库的分区功能，但是后来放弃了，下面说说为什么。

1.2 数据库分区，从学习到放弃

先讲一下数据库的分区功能。分区并不是生成新的数据表，而是将表的数据均衡分配到不同的硬盘、系统或不同的服务器存储介质中，实际上还是一张表。

比如，要创建以下数据库表：

```
CREATE TABLE t2 (
    fname VARCHAR(50) NOT NULL,
    lname VARCHAR(50) NOT NULL,
    region_code TINYINT UNSIGNED NOT NULL,
    dob DATE NOT NULL
)
PARTITION BY RANGE( YEAR(dob) ) (
    PARTITION d0 VALUES LESS THAN (1970),
    PARTITION d1 VALUES LESS THAN (1975),
    PARTITION d2 VALUES LESS THAN (1980),
    PARTITION d3 VALUES LESS THAN (1985),
    PARTITION d4 VALUES LESS THAN (1990),
    PARTITION d5 VALUES LESS THAN (2000),
    PARTITION d6 VALUES LESS THAN (2005),
    PARTITION d7 VALUES LESS THAN MAXVALUE
);
```

那么，数据库就会把这个 t2 表的数据根据 YEAR（dob）这个表达式的值分布存储在 d0 ~ d7 这 8 个分区。

数据库分区有以下优点。

1）比起单个文件系统或硬盘，分区可以存储更多的数据。

2）在清理数据时，可以直接删除废弃数据所在的分区。同样，有新数据时，可以增加更多的分区来存储新数据。

3）可以大幅度地优化特定的查询，让这些查询语句只去扫描特定分区的数据。比如，原来有 2000 万的数据，设计 10 个分区，每个分区存 200 万的数据，那么可以优化查询语句，让它只去查询其中两个分区，即只需要扫描 400 万的数据。

第 3 个优点正好可以解决此处的项目需求。但是，要怎么设计分区字段？也就是说，要根据什么来分区？

下面具体说一下该业务场景中的数据表。工单表 ticket 中的关键字段见表 1-1。

表 1-1　工单表关键字段

字　段	描　述	字　段	描　述
ticketID	工单 ID	status	状态
createdTime	创建时间	consumerEmail	邮件发送人
receivedTime	邮件接收时间	assignedUserID	当前处理人
lastProcessTime	客服最近处理时间	assignedUserGroupID	当前处理人所在小组

工单表最主要的几个查询语句如下。

1）客服查询无处理人的工单：“Where assignedUserID = ? ”。

2）客服获取分派给自己的工单：“Where status in (…) and assignedUserID = ? ”。

3）客服组长查看自己组的工单：“Where assignedUserGroupID = ? ”。

4）客服查询特定客户的工单：“Where consumerEmail = ? ”。

为了达到只扫描特定分区的效果，必须在 Where 语句里面加上一个包含分区字段的条件，但是上面这些主要语句并不包含相同的字段。

另外，MySQL 的分区还有个限制，即分区字段必须是唯一索引（主键也是唯一索引）的一部分。工单表是用 ticketID 当主键，也就是说接下来无论使用什么当分区字段，都必须把它加到主键当中，形成复合主键。MySQL 官方文档原文如下。

All columns used in the partitioning expression for a partitioned table must be part of every unique key that the table may have.

In other words, *every unique key on the table must use every column in the table's partitioning expression* (This also includes the table's primary key, since it is by definition a unique key. This particular case is discussed later in this section).

接着深入分析一下业务流程。

1）系统从邮件服务器同步到邮件以后，创建一个工单，createdTime 就是工单创建的时间。

2）客服先去查询无处理人的工单，然后把工单分派给自己。

3）客服处理工单，每处理一次，系统自动增加一条处理记录。

4）客服处理完工单以后，将工单状态改为“关闭”。

通过跟客服的交流，项目组发现，一般工单被关闭以后，客服查询的概率就很低了。对于那些关闭超过一个月的工单，基本上一年都打开不了几次。

调研到这里，基本的思路是增加一个状态：归档。首先将关闭超过一个月以上的工单自动转为“归档”状态，然后将数据库分为两个区，所有“归档”状态的工单存放在一个区，所有非“归档”状态的工单存放在另外一个区，最后在所有的查询语句中加一个条件，就是状态不等于“归档”。

简单估算一下：客服频繁操作的工单基本上都是1个月内的工单，按照后期一天10万来算，也就是300万的数据，这样数据库的非归档区基本就没什么压力了。

那么，是否就将 status 设为分区字段，然后直接使用 MySQL 的分区功能？不是的。

因为相关的开发人员并没有用过数据库分区的功能，而当时面临的情况是只有1周的时间来解决问题，并且工单表是系统最核心的数据表，不能出问题。

这种情况下，没人敢在生产的核心功能上使用一项没用过的技术，但是项目组评估了一下，要实现一个类似的方案，其实工作量并不大，而且代码可控。因此，项目组放弃了数据库分区，并决定基于同样的分区理念，使用自己熟悉的技术来实现这个功能。

这个思路也很简单：新建一个数据库，然后将1个月前已经完结的工单数据都移动到这个新的数据库。这个数据库就叫冷库，因为里面基本是冷数据（当然，叫作归档数据库也可以），之后极少被访问。当前的数据库保留正常处理的较新的工单数据，这是热库。

这样处理后，因为客服查询的基本是近期常用的数据，大概只有300万条，性能就基本没问题了。即使因为查询频繁，或者几个客服同时查询，也不会再像之前那样出现数据库占满CPU、整个系统几乎宕机的情况了。

上面这个方法，其实就是软件系统常用的“冷热分离”。接下来介绍一下冷热分离的方案。

1.3 冷热分离简介

1.3.1 什么是冷热分离

冷热分离就是在处理数据时将数据库分成冷库和热库，冷库存放那些走到终态、不常使用的数据，热库存放还需要修改、经常使用的数据。

1.3.2 什么情况下使用冷热分离

假设业务需求出现了以下情况，就可以考虑使用冷热分离的解决方案。

1）数据走到终态后只有读没有写的需求，比如订单完结状态。

2）用户能接受新旧数据分开查询，比如有些电商网站默认只让查询3个月内的订单，如果要查询3个月前的订单，还需要访问其他的页面。

1.4 冷热分离一期实现思路：冷热数据都用MySQL

当决定用冷热分离之后，项目组就开始考虑使用一个性价比最高的冷热分离方案。因为资源有限、工期又短，冷热分离一期有一个主导原则，即热数据跟冷数据使用一样的存储（MySQL）和数据结构，这样工作量最少，等到以后有时间再做冷热分离二期。

如图1-1所示，在冷热分离一期的实际操作过程中，需要考虑以下问题。

1）如何判断一个数据是冷数据还是热数据？

2）如何触发冷热数据分离？

3）如何实现冷热数据分离？

4）如何使用冷热数据？

5）历史数据如何迁移?

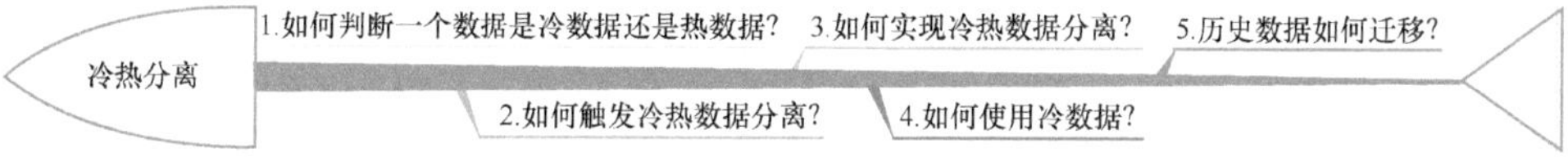

● 图 1-1　冷热分离需考虑问题示意图

接下来针对以上5个问题进行详细讲解。

1.4.1　如何判断一个数据到底是冷数据还是热数据

一般而言，在判断一个数据到底是冷数据还是热数据时，主要采用主表里一个字段或多个字段的组合作为区分标识。

这个字段可以是时间维度，比如“下单时间”，可以把3个月前的订单数据当作冷数据，3个月内的订单数据当作热数据。

当然，这个字段也可以是状态维度，比如根据“订单状态”字段来区分，将已完结的订单当作冷数据，未完结的订单当作热数据。

还可以采用组合字段的方式来区分，比如把下单时间小于3个月且状态为“已完结”的订单标识为冷数据，其他的当作热数据。

而在实际工作中，最终使用哪种字段来判断，还是需要根据实际业务来决定的。

关于判断冷热数据的逻辑，这里还有两个要点必须说明。

1）如果一个数据被标识为冷数据，业务代码不会再对它进行写操作。

2）不会同时存在读取冷、热数据的需求。

回到本章项目场景，这里就把 lastProcessTime 大于 1 个月，并且 status 为“关闭”的工单数据标识为冷数据。

1.4.2　如何触发冷热数据分离

了解冷热数据的判断逻辑后，就要开始考虑如何触发冷热数据分离了。一般来说，冷热数据分离的触发逻辑分为3种。

1）直接修改业务代码，使得每次修改数据时触发冷热分离（比如每次更新订单的状态时，就去触发这个逻辑），如图1-2所示。

这个逻辑在该业务场景中就表现为：工单表每做一次变更（其实就是客服对工单做处理操作），就要对变更后的工单数据触发一次冷热数据的分离。

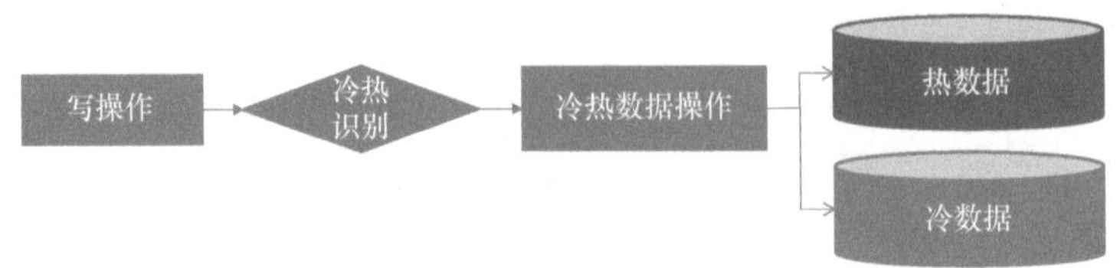

图 1-2　修改业务代码触发冷热分离示意图

2）如果不想修改原来的业务代码，可以通过监听数据库变更日志 binlog 的方式来触发。具体方法就是另外创建一个服务，这个服务专门用来监控数据库的 binlog，一旦发现 ticket 表有变动，就将变动的工单数据发送到一个队列，这个队列的订阅者将会取出变动的工单，触发冷热分离逻辑，如图 1-3 所示。

3）通过定时扫描数据库的方式来触发。这个方式就是通过 quartz 配置一个本地定时任务，或者通过类似于 xxl－job 的分布式调度平台配置一个定时任务。这个定时任务每隔一段时间就扫描一次热数据库里面的工单表，找出符合冷数据标准的工单数据，进行冷热分离，如图 1-4 所示。

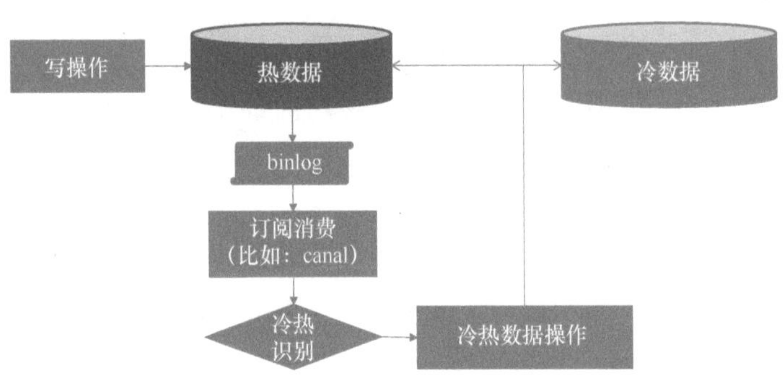

图 1-3　监听日志触发冷热分离示意图

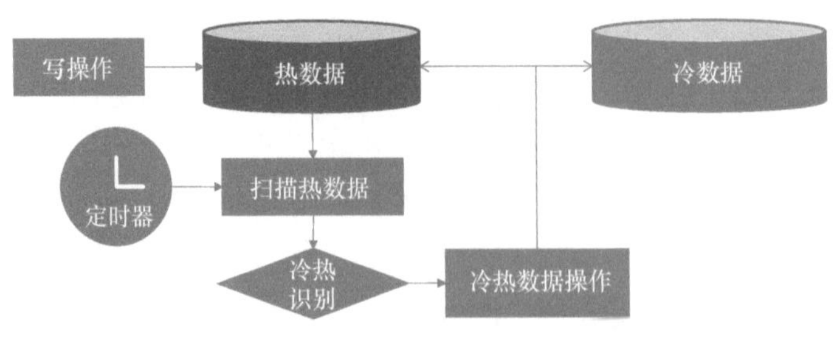

图 1-4　定时触发冷热分离示意图

以上3种触发逻辑到底选哪种比较好？下面给出它们各自的优缺点，见表1-2。

表1-2　3种触发逻辑的优缺点

	修改写操作的业务代码	监听数据库变更日志	定时扫描数据库
优点	• 代码灵活可控 • 保证实时性	• 与业务代码解耦 • 可以做到低延时	• 与业务代码解耦 • 可以覆盖根据时间区分冷热数据的场景
缺点	• 无法按照时间区分冷热，当数据变为冷数据时，其间可能没有进行任何操作 • 需要修改所有数据写操作的业务代码	• 无法按照时间区分冷热，当数据变为冷数据时，其间可能没有进行任何操作 • 需要考虑数据并发操作的问题，即业务代码与冷热变更代码同时操作同一数据	• 不能做到实时性

根据以上对比，可以得出每种触发逻辑的建议场景。

1. 修改写操作的业务代码

建议在业务代码比较简单，并且不按照时间区分冷热数据时使用。

场景示例：假设是根据订单的状态来区分冷热数据，订单的状态不会随着时间自动变化，必须有人去修改才会变化，并且很容易找出所有修改订单状态的业务代码，这种情况下可以用这种触发逻辑。

2. 监听数据库变更日志

建议在业务代码比较复杂，不能随意变更，并且不按时间区分冷热数据时使用。

示例场景跟上一场景类似：假设是根据订单的状态来区分冷热数据，订单的状态不会随着时间自动变化，必须有人去修改才会变化。其不一样的地方在于，业务代码很复杂，特别是有些用了很多年的系统中，修改订单状态的代码分布在多个位置，甚至多个服务中，不可能都找到，并且因为难以评估影响面，所以修改起来风险很大。这种情况下就适合使用监听数据库变更日志的方式。

3. 定时扫描数据库

建议在按照时间区分冷热数据时使用。

示例场景就是这个项目中的业务场景。这里的业务需求是已经关闭超过1个月的工单视为冷数据，这种场景下，工单变更的那一瞬间，即使工单已经关闭了，也不能将其视为冷数据，而必须再等待1个月。这样的情况非常适合使用定时扫描。

所以这一次，项目组就选用了定时扫描数据库的触发方式。但是对于不同项目自身的场景，到底选择哪种触发方式，还是需要根据具体业务需求来决定。

当决定了冷热分离的触发方式后，就进入下一个决策点：如何分离冷热数据。整个方案最复杂的环节就是这里。

1.4.3　如何分离冷热数据

在讲解如何分离冷热数据之前，先来了解一下分离冷热数据的基本逻辑，只有掌握了基本原理，才能真正理解事物的本质。

分离冷热数据的基本逻辑如图1-5所示，细节如下。

● 图1-5　分离冷热数据基本逻辑示意图

1）判断数据是冷是热。

2）将要分离的数据插入冷数据库中。

3）从热数据库中删除分离的数据。

这个逻辑看起来简单，而实际做方案时，以下3点都要考虑在内。

1. 一致性：同时修改多个数据库，如何保证数据的一致性？

这里提到的一致性要求是指如何保证任何一步出错后数据最终还是一致的。任何一个程序都要考虑在运行过程中突然出错中断时，应该怎么办。业务逻辑如下。

1）找出符合冷数据的工单。

2）将这些工单添加到冷数据库。

3）将这些工单从热数据库中删除。

举几个例子。

例1：假设执行到步骤2）的时候失败了，那么，要确保这些工单数据最终还是会被移到冷数据库。

例2：假设执行到步骤3）的时候失败了，那么，要确保这些工单数据最终还是会从热数据库中删除。

这称为“最终一致性”，即最终数据和业务实际情况是一致的。

这里的解决方案为，保证每一步都可以重试且操作都有幂等性，具体逻辑分为4步。

1）在热数据库中给需要迁移的数据加标识：ColdFlag = WaittingForMove（实际处理中标识字段的值用数字就可以，这里是为了方便理解），从而将冷热数据标识的计算结果进行持久化，后面可以使用。

2）找出所有待迁移的数据（ColdFlag = WaittingForMove）。这一步是为了确保前面有些线程因为部分原因运行失败，出现有些待迁移的数据没有迁移的情况时，可以通过这个标识找到这些遗留在热数据库中的工单数据。也就是上述例1中的情况。

3）在冷数据库中保存一份数据，但在保存逻辑中需要加个判断来保证幂等性（关于幂等性，后续还有详细的介绍），通俗来说就是假如保存的数据在冷数据库已经存在了，也要确保这个逻辑可以继续进行。这样可以防止上述例2中的情况，因为可能会出现有一些工单其实已经保存到冷数据库中了，但是在将它们从热数据库删除时的逻辑出错了，它们仍然保留在热数据库中，等下次冷热分离的时候，又要将这些工单重复插入冷数据库中。这里面就要通过幂等性来确保冷数据库中没有重复数据。

4）从热数据库中删除对应的数据。

上面就是最终一致性要考虑的几点。

接着，还要考虑数据量的问题。

2. 数据量：假设数据量大，一次处理不完，该怎么办？是否需要使用批量处理？

前面讲了3种冷热分离的触发逻辑，前2种基本不会出现数据量大的问题，因为每次只需要操作那一瞬间变更的数据，但如果采用定时扫描的逻辑就需要考虑数据量这个问题了。

回到业务场景中，假设每天做一次冷热分离，根据前面的估算，每天有10万的工单数据和几十万的工单历史记录数据要迁移，但是程序不可能一次性插入几十万条记录，这时就要考虑批量处理了。

这个实现逻辑也很简单，在迁移数据的地方加个批量处理逻辑就可以了。为方便理解，来看一个示例。

假设每次可以迁移 1000 条数据。

1）在热数据库中给需要的数据添加标识：ColdFlag = WaittingForMove。这个过程使用 Update 语句就可以完成，每次更新大概 10 万条记录。

2）找出前 1000 条待迁移的数据（ColdFlag = WaittingForMove）。

3）在冷数据库中保存一份数据。

4）从热数据库中删除对应的数据。

5）循环执行 2）~4）。

以上就是批量处理的逻辑。接下来讲第 3 点：并发性。

3. 并发性：假设数据量大到要分到多个地方并行处理，该怎么办？

在定时迁移冷热数据的场景里（比如每天），假设每天处理的数据量大到连单线程批量处理都应对不了，该怎么办？这时可以使用多个线程进行并发处理。回到场景中，假设已经有 3000 万的数据，第一次运行冷热分离的逻辑时，这些数据如果通过单线程来迁移，一个晚上可能无法完成，会影响第二天的客服工作，所以要考虑并发，采用多个线程来迁移。

> Tips
>
> 虽然大部分情况下多线程较快，但笔者在其他项目中也曾碰到过这种情况：单线程的 batchsize 达到一定数值时效率特别高，比任何 batchsize 的多线程还要快。因此，是否采用多线程要在测试环境中实际测试一下。

当采用多线程同时迁移冷热数据时，需要考虑如下实现逻辑。

（1）如何启动多线程？

本项目采用的是定时器触发逻辑，性价比最高的方式是设置多个定时器，并让每个定时器之间的间隔短一些，然后每次定时启动一个线程后开始迁移数据。

还有一个比较合适的方式是自建一个线程池，然后定时触发后面的操作：先计算待迁移的热数据数量，再计算要同时启动的线程数，如果大于线程池的数量就取线程池的线程数，假设这个要启动的线程数量为 N，最后循环 N 次启动线程池的线程来迁移数据。

本项目使用了第二种方式，设置一个 size 为 10 的线程池，每次迁移 500 条记录，如果标识出的待迁移记录超过 5000 条，那么最多启动 10 个线程。

考虑了如何启动多线程的问题，接下来就是考虑锁了。

（2）某线程宣布正在操作某个数据，其他线程不能操作它（锁）

因为是多线程并发迁移数据，所以要确保每个线程迁移的数据都是独立分开的，不能出现多个线程迁移同一条记录的情况。其实这就是锁的一个场景。

关于这个逻辑，需要考虑3个特性。

1）获取锁的原子性：当一个线程发现某个待处理的数据没有加锁时就给它加锁，这两步操作必须是原子性的，即要么一起成功，要么一起失败。实现这个逻辑时是要防止以下这种情况：

“我是当前正在运行的线程，我发现一条工单没有锁，结果在要给它加锁的瞬间，它已经被别人加锁了。”

可采用的解决方案是在表中加上LockThread字段，用来判断加锁的线程，每个线程只能处理被自己加锁成功的数据。然后使用一条Update…Where…语句，Where条件用来描述待迁移的未加锁或锁超时的数据，Update操作是使LockThread = 当前线程ID，它利用MySQL的更新锁机制来实现原子性。

Tips

LockThread可以直接放在业务表中，也可以放在一个扩展表中。放在业务表中会对原来的表结构有一些侵入，放在扩展表中会增加一张表。最终，项目组选择将其放在业务表中，因为这种情况下编写的Update语句相对更简单，能缩短工期。

2）获取锁必须与处理开始保证一致性：当前线程开始处理这条数据时，需要再次检查操作的数据是否由当前线程锁定成功，实际操作为再次查询一下LockThread = 当前线程ID的数据，再处理查询出来的数据。为什么要多此一举？因为当前面的Update…Where…语句执行完以后，程序并不知道哪些数据被Update语句更新了，也就是说被当前线程加锁了，所以还需要通过另一条SQL语句来查出这些被当前线程加锁成功的数据。这样就确保了当前线程处理的数据确实是被当前线程成功锁定的数据。

3）释放锁必须与处理完成保证一致性：当前线程处理完数据后，必须保证锁被释放。线程正常处理完后，数据不在热数据库，而是直接到了冷数据库，后续的线程不会再去迁移它，所以也就没有锁有没有及时释放的顾虑了。

（3）若某线程失败退出，但锁没释放，该怎么办（锁超时）？

如果锁定某数据的线程异常退出了且来不及释放锁，导致其他线程无法处理这个数据，此时该怎么办？解决方案为给锁设置一个合理的超时时间，如果锁超时了还未释放，其他线程可正常处理该数据。

所以添加一个新的字段LockTime，在更新数据的LockThread时，也将Lock-

Time 更新为当前时间。加锁的 SQL 语句则变成类似这样：

Update Set LockThread = 当前线程 ID，LockTime = 当前时间…Where LockThread 为空 Or LockTime < N 秒

这样的话，即使加锁的线程出现异常，后续的线程也可以去处理它，保证数据没有遗漏。

那么超时时间设为多长才是合理的？这一时间可以通过在测试环境中测试几次批量数据来得出。

设置超时时间时，还应考虑如果正在处理的线程并未退出、还在处理数据而导致了超时，又该怎么办。

假设超时时间为 10 秒。

如图 1-6 所示，上述场景顺序如下。

1）10：00：00，线程甲锁住 A1 数据，开始处理。

2）10：00：10，线程甲还没处理结束，线程乙认为 A1 原来的锁已经超时，将 A1 的锁变成线程乙的线程 ID，也开始处理 A1。

这样就变成了两个线程重复处理 A1 数据。

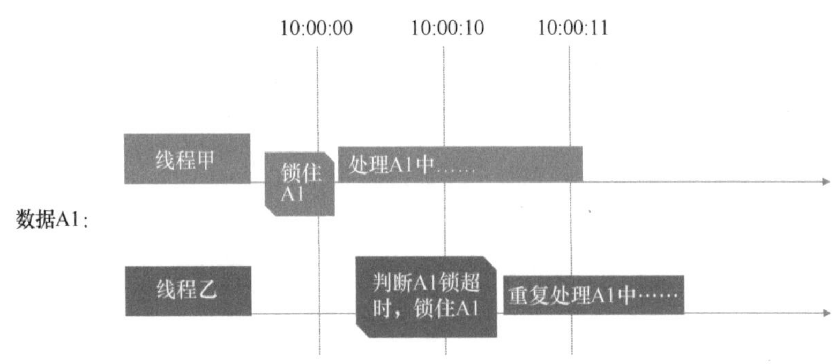

● 图 1-6　锁超时重复处理场景示意图

对于这种场景，除了将超时的时间设置成处理数据的合理时间外，处理冷热数据的代码必须保证是幂等性的。

在编程中，一个幂等操作的特点是多次执行某个操作与执行一次操作的影响相同。

这句话什么意思？就是当多个线程先后对同一条数据进行迁移处理时，要让迁移线程的每一步都去判断：这条数据的当前步骤是否已经执行过了？如果是的话，直接进入下一步，或者忽略它。总之，需要达到的效果就是，不管只是线程甲处理 A1 数据一次，还是线程甲、乙各处理 A1 一次，甚至多个线程分别处理

A1，都要确保最终的数据是一样的。

那么如何实现幂等操作？使用MySQL的Insert…On Duplicate Key Update语句即可。使用这样的操作后，当前线程的处理就不会破坏数据的一致性。

考虑到前面的逻辑比较复杂，这里专门总结了一个分离冷热数据的流程图，如图1-7所示。

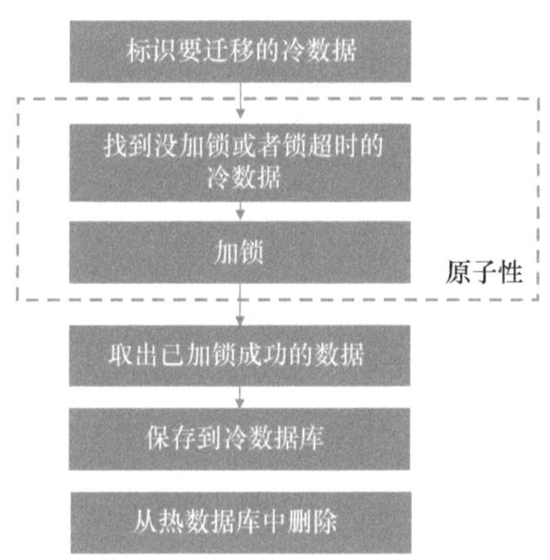

● 图1-7　冷热分离流程图

介绍到这里，冷热分离的5个问题已经解决了3个。接下来要解决如何使用冷热数据。

1.4.4　如何使用冷热数据

在功能设计的查询界面上，一般都会有一个选项用来选择需要查询冷数据还是热数据，如果界面上没有提供，则可以直接在业务代码里区分，如图1-8所示。

Tips

在判断是冷数据还是热数据时，必须确保用户没有同时读取冷热数据的需求。

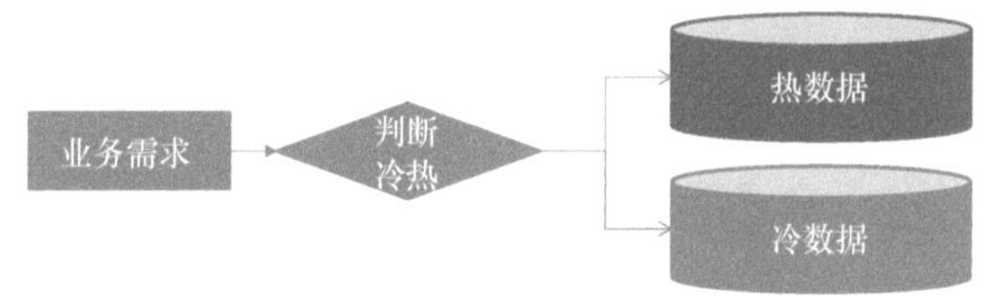

● 图1-8　区分使用冷热数据简单示意图

回到真实场景，在工单列表页面的搜索区域增加一个 checkBox：查询归档。这个 checkBox 默认不勾选，这种情况下客服每次查询的都是非归档的工单，也就是未关闭或者关闭未超过 1 个月的工单。如果客服要查询归档工单，则勾选这个 checkBox，这种情况下，客服只能查询归档的工单，查询速度还是很慢。

1.4.5 历史数据如何迁移

一般而言，只要与持久化层有关的架构方案都需要考虑历史数据的迁移问题，即如何让旧架构的历史数据适用于新的架构。

因为前面的分离逻辑在考虑失败重试的场景时刚好覆盖了这个问题，所以其解决方案很简单，只需要批量给所有符合冷数据条件的历史数据加上标识 ColdFlag = WaittingForMove，程序就会自动迁移了。

1.4.6 整体方案

把所有的逻辑汇总、梳理一下，就形成了一个整体解决方案，如图 1-9 所示。

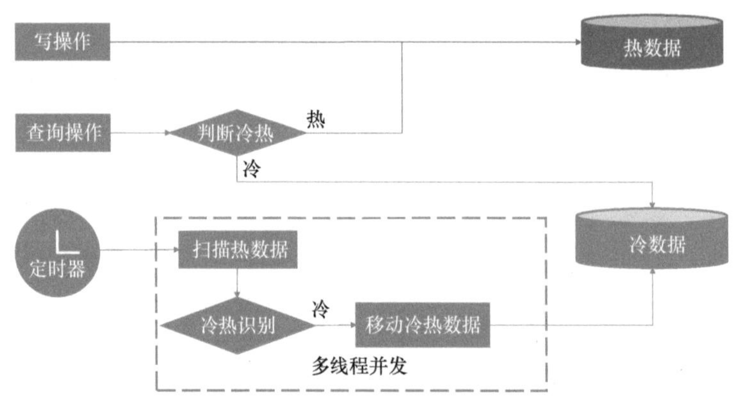

● 图 1-9 冷热分离整体方案示意图

总结一下，实现思路分为 5 个部分：冷热数据判断逻辑、冷热数据的触发逻辑、冷热数据分离实现思路、冷热数据库使用、历史数据迁移。

以上就是整个冷热分离一期的方案。

这个项目的完成花费了 10 天，上线以后，在客服的常规工单处理页面中，查询基本可以在 1 秒左右完成，大大提升了客服的工作效率，甚至比业务变动之前还快，所以客户非常满意。

既然这里称为“一期”，那么很明显，这个方案还有二期。

为什么要有二期？下一节会讲到。

1.5 冷热分离二期实现思路：冷数据存放到 HBase

1.5.1 冷热分离一期解决方案的不足

不得不说，冷热分离一期的解决方案确实能解决写操作慢和热数据慢的问题，但仍然存在诸多不足。

1）用户查询冷数据的速度依旧很慢，虽然查询冷数据的用户比例很低。

2）冷数据库偶尔会告警。

这两点不足体现在用户侧是什么样呢？那就是一旦客服在工单查询表中勾选“查询归档”checkBox，页面就会一直转圈，而后台冷数据库的 IO 就会飙升。

如果客服发现页面没反应，可能会多点几次“查询”按钮，那么有可能把后台服务器的请求线程占满，导致整个系统响应都很慢。

归档的数据库里面，工单表仍然有 3000 多万的工单数据，工单处理记录表仍然有数亿的数据。这个查询不可能不慢。一期要做冷热分离的时候，项目组只有 1 周的时间（实际用了 10 天），但是之后有空闲，就可以好好考虑一下归档数据库的设计了。

先说一下归档工单的查询场景。

1.5.2 归档工单的使用场景

对于归档的工单，与客服沟通后发现，基本只有以下几个查询动作。

1）根据客户的邮箱查询归档工单。

2）根据工单 ID 查出该工单所有的处理记录。

而且这些操作一年做不了几次，慢一些完全没有问题。

这些操作转化成技术需求就是：需要找到一个数据库，它可以满足下面的要求。

1）可以存放上亿甚至数亿的数据。因为按照一年 3000 多万的工单来看，3 年以后工单表的数据就上亿了，工单处理记录表的数据也会多出几亿。

2）支持简单的组合关键字查询，查询慢一些可以接受。

3）存放的数据不再需要变更。基于这个特性，就可以将历史工单的详情数据封装在一个文档中，类似于 Key - Value，Key 就是工单 ID，Value 就是工单详情数据。

最后，项目组决定使用 HBase 来保存归档工单。

为什么 HBase 适合这个场景？下面先简单介绍一下 HBase 的原理。

1.5.3 HBase 原理介绍

1. HBase 的基本数据结构是什么样子的？

假设有这样一位大侠的数据（两个 JSON 对象）：

```
{
    "1000": {
        "姓名": "郭靖",
        "武功": {
            "掌法": "降龙十八掌",
            "内功": "九阴真经"
        },
        "关系": {
            "妻子": "1001"
        }
    },
    "1001": {
        "姓名": "黄蓉",
        "武功": {
            "指法": "弹指神通",
            "内功": "九阴真经"
        },
        "关系": {
            "丈夫": "1000"
        }
    }
}
```

这样的数据在 HBase 中应该怎么存储？

这就要说说 HBase 的数据结构“列簇存储”了。

HBase 里面有这些概念：Table、Row、Column、ColumnFamily、ColumnQualifier、Cell、TimeStamp。

其中，Table、Row 与关系型数据库中的表、行含义是一样的，较易理解。

假设对于上面的大侠数据已有一个 Table，就是大侠的表。其中，郭靖是这个表中的一行数据（Row），黄蓉也是一行数据。

那么 Column、ColumnFamily、ColumnQualifier、Cell、TimeStamp 又分别是什么意思?

可以发现，大侠有3个一级属性：姓名、武功、关系。

从上面的数据可以看到，武功这个一级属性，下面又有很多二级属性，比如掌法、内功、指法；关系这个一级属性，下面也有多种二级属性，比如丈夫、妻子。

那么，可以根据这些一级属性创建3个 ColumnFamily：姓名、武功、关系。ColumnFamily 一开始就要定义好，类似于关系型数据库里面的列，属于 schema（纲要）的范畴。

每个 ColumnFamily 可以灵活增加 ColumnQualifier，ColumnQualifier 不需要在创建表的时候定义。比如武功的 ColumnQualifier 有掌法、内功、指法等，以后也可以添加。

接下来回到 HBase 的列簇存储。为什么叫列簇存储？因为它们存到 HBase 中的其实是表 1-3 和表 1-4 那样的数据。

表 1-3　姓名列簇

RowKey	TimeStamp	ColumnFamily 姓名
"1000"	T1	姓名：姓名 = "郭靖"
"1001"	T2	姓名：姓名 = "黄蓉"

表 1-4　武功列簇

RowKey	TimeStamp	ColumnFamily 武功
"1000"	T3	武功：掌法 = "降龙十八掌"
"1000"	T4	武功：内功 = "九阴真经"
"1001"	T5	武功：指法 = "弹指神通"
"1001"	T6	武功：内功 = "九阴真经"

每一个 RowKey、TimeStamp 以及 Key-Value 值就是一个 Cell。

Tips

虽然姓名和武功这两个 ColumnFamily 属于同一个表，但是它们物理上是分开存储的。这也是 HBase 的一张表可以存放上百亿数据的原因：HBase 同一行的数据没有存放在一起。但也是因为这个特性，HBase 基本实现不了复杂的查询，效率也不高。

2. HBase 的物理存储模型

HBase 一个表中的数据会根据 RowKey 的范围划分成多个 Region。

每个 RegionServer 是一个服务器节点，会包含多个 Region。一个 RegionServer 大概包含 1000 个 Region，这个 RegionServer 会处理它下面所有 Region 的读写操作。

这里再讲一下它们各自的关系。

1）一个表会被水平切割成多个 Region。

2）一个 Region 会包含多个 Row，包含 startkey 和 endkey 之间所有连续的行。每个 Region 的大小默认会控制在 1GB 内。

3）一个 Region 会包含多个 MemStore。

4）一个 MemStore 会存储一个 ColumnFamily。

5）一个 MemStore 会把数据写入多个 HFile。

6）一个 RegionServer 会服务多个 Region。

接下来讨论一下它对于读和写请求的处理流程。

3. HBase 的写操作

这一部分直接讲解 HBase 的写操作流程。

1）客户端访问 ZooKeeper，读取元数据。

2）根据 namespace、表名、RowKey 找到数据对应的 Region。

3）访问 Region 对应的 RegionServer。

4）写入 WAL（WriteAheadLog，也叫 HLog）。每一个 RegionServer 都会维护一个 WAL 文件（也是基于 Hadoop 分布式文件系统 HDFS）。所有的写操作都会先把变动加到 WAL 文件的末尾。WAL 会保存所有未持久化的新数据。它可以用来做数据恢复。

5）写入 MemStore。MemStore 相当于一个写缓存。每个 Region 的每个列簇都有一个 MemStore。数据在写入磁盘或持久化之前，会先保存在 MemStore。

6）通知客户端写入完成。

Tips

MemStore 的数据到达阈值时，数据会被持久化到 HFile 中。

4. HBase 的读操作

HBase 一次读操作的流程如下。

1）客户端访问 ZooKeeper，读取元数据。

2）根据 namespace、表名、RowKey 找到数据对应的 Region。

3）访问 Region 对应的 RegionServer。

4）查找对应的 Region。

5）查询 MemStore。

6）找到 BlockCache。每个 RegionServer 都有 BlockCache，相当于一个读缓存。扫描器会先查询 BlockCache。

7）如果没有找到所有的 Cell（单元数据），则会到多个 HFile 中去查找。

1.5.4 HBase 的表结构设计

项目组当时初次使用 HBase，认真阅读了 HBase 的说明文档：http://HBase.apache.org/book.html。

文档内容比较丰富，也有很多有趣的地方，比如有一处内容是关于 ColumnFamily 的数量的：HBase 不推荐具有两个以上 ColumnFamily 的设计。以下是官方文档中的相关说明。

> HBase currently does not do well with anything above two or three column families so keep the number of column families in your schema low. Currently, flushing is done on a per Region basis so if one column family is carrying the bulk of the data bringing on flushes, the adjacent families will also be flushed even though the amount of data they carry is small. When many column families exist the flushing interaction can make for a bunch of needless I/O (To be addressed by changing flushing to work on a per column family basis). In addition, compactions triggered at table/region level will happen per store too.
>
> Try to make do with one column family if you can in your schemas. Only introduce a second and third column family in the case where data access is usually column scoped; i.e. you query one column family or the other but usually not both at the one time.

这里简单解释一下。前面提过，每个 Region 有多个 MemStore，每个 MemStore 有一个 ColumnFamily 的数据，也就是说一个 Region 有多个 ColumnFamily 的数据。MemStore 的数据量到达一定的阈值以后，就会保存到 HFile。MemStore -> HFile 这个动作被称为 flushing。目前的 flushing 动作是 Region 级别的。也就是说，假设 MemStore A 保存 ColumnFamily A 的数据，里面的 ColumnFamily A 数据满了，那么就会触发一次 flushing 操作，这个 MemStore 所在的 Region 下面的所有 MemStore 都会 flushing。但是 MemStore B、MemStore C 的数据可能还很空，这种情况下就增加了很多不必要的 I/O 操作。

当然，HBase 里面还有很多注意事项，仅表结构设计就有很多内容，而且用到线上的业务系统比较难。不过，它还有关于实例的部分（45. Schema Design Case Studies）可以参考，能帮助用户快速上手。这部分文档包括以下几个方面。

- Log Data / Timeseries Data。
- Log Data / Timeseries on Steroids。
- Customer/Order。
- Tall/Wide/Middle Schema Design。
- List Data。

项目组从 Hbase 的说明文档中得出了以下设计要点。

1）HBase 的查询有两种，一种是根据 RowKey 直接获取记录，一种是以 Scan 方式扫描所有的 Row。前面说过，系统有根据客户邮箱获取工单记录的需求，所以可以将邮箱名放到 RowKey 中，这样以后查询特定邮箱的工单时只需要扫描 RowKey，而不需要扫描列的值，速度将大大加快。所以 RowKey 设计为 [customeremail][ticketID]。

但是 customeremail 是不可控的，也可能很长，导致 RowKey 很长。前面也提过，HBase 是 KeyValue 存储，每个 ColumnKey 见表 1-5。

表 1-5 武功：掌法列键

RowKey	TimeStamp	ColumnFamily
"1000"	T3	武功：掌法 = "降龙十八掌 "

如果 RowKey 很长，就会占用很多存储空间，所以也要控制 RowKey 的长度。最终的 RowKey 是 [MD5（customeremail)][ticketID]，前面的邮箱名长度是 16 字节，后面的工单 ID 是固定长度。

而且使用这样的设计后，如果想要根据邮箱查找工单，就可以使用正则过滤器的 rowFilter，通过类似于“abc@ mail. com * * * *”的过滤字符串找出 abc@ mail. com 的所有工单。

2）ColumnFamily 方面，项目组只会用一个“ColumnFamily：i”（HBase 推荐短列名，原因是省空间)。

3）ColumnKey 方面，把这些字段都设计成 i 列簇下的 Key，见表 1-6。

表 1-6　i 列簇下的 Key

列　名	Key
createdTime	创建时间
receivedTime	邮件接收时间
lastProcessTime	客服最近处理时间
⋮	⋮
assignedUserID	当前处理人
assignedUserGroupID	当前处理人所在小组

同时，为了应对可能出现的根据最后处理人或者处理小组查找归档工单的需求，还给 assignedUserID 等以后可能搜索的字段增加了二级索引。

4）工单处理记录表的设计上，并没有单独为其增加 HBase 的表，而是将每个工单下面的处理记录全部序列化成一组 JSON 数据，保存在一个 ColumnKey 中。

1.5.5　二期的代码改造

二期和一期的主要区别就是冷数据库使用了 HBase，主要的代码逻辑有一个变化，就是关于事务。

一期的批量逻辑如下所示。

1）取出 300 条工单。

2）通过单事务包围的 BATCHSQL 语句插入冷数据库。

3）通过一个单事务包围的 BATCHSQL 语句从热数据库中删除数据。

二期因为 HBase 不支持类似的事务，所以批量逻辑如下。

1）取出 50 条工单，先处理第一个工单。

2）将当前工单的各个 ColumnKey 值插入 HBase。

3）通过一个单事务包围的 SQL 语句删除热数据库中该工单对应的数据。

4）循环执行第 2）步和第 3）步，依次处理完成所有 50 个工单。

加锁、多线程等其他相关的逻辑并没有变化，从 MySQL 这个冷数据库将数据迁移到 HBase 的方案可以参考一期，这里就不再赘述了。

以上就是冷热分离二期的改造方案。二期花费了 3 周左右才上线，之后查询归档工单的性能好了很多，特别是单个归档工单的打开操作响应快了不少。这个方案还解决了一个隐患，即 MySQL 这个冷数据库随着归档工单数据量的增加支撑不住的问题。

1.6 小结

这样，冷热分离这个方案就完成了。

冷热分离方案只是刚好适用于这个场景，它其实有很多不足。后来笔者又反思了一下，如果不是因为做一期方案的时候只有1周的时间，那么是不是还会使用冷热分离的方案？会不会有更好的方案？

这个方案有一些明显的不足，如果碰到下面的任何一个场景，这个方案就不适用了。

1）工单没有“归档”这一特点，经常需要修改。

2）所有的工单数据都需要支持复杂的查询，并且需要非常快的响应速度。

3）需要实时地对工单数据进行各种统计。

笔者后来做其他项目的时候就碰到了上面列举的场景，那么，这些情况下，又该用什么方案来解决？请看下一场景。

第2章 查询分离

上一场景使用的冷热分离解决方案性价比高，可以快速交付，但它却不是一个最优的方案，仍然存在诸多不足。比如，业务功能上要求不能再修改冷数据，查询冷数据速度慢，无法承受复杂的查询和统计。后来，笔者负责了另一个客服系统项目，刚好就用了不同的方案。

先介绍一下这个项目的业务场景吧。

2.1 业务场景：千万工单表如何实现快速查询

本场景中的客服系统承接的是集团的所有业务，每条业务线的客服又分为多个渠道，有电话、在线聊天、微信、微博等。

它的业务流程是这样的：当客户接线进来以后，不管是通过什么渠道，客服都会登记一个客服工单，而后再根据业务线、工单的类型来登记不同的信息；工单创建后，会按需创建其他的单据，比如退款单、投诉单、充值单等，针对每个该工单的处理动作或工单关联单据的处理动作，也会自动添加工单处理记录和更新处理时间。

系统已经运作了5年左右，已有数据量大，而且随着集团业务的扩大，业务线增加，客服增多，工单数量的增长也越来越快，在系统中查询工单，以及打开工单详情的时候，就会出现响应速度很慢的情况。

一开始客服只是偶尔抱怨，后来抱怨的次数慢慢增多。但是之前客服这个板块的优先级不高，所以那些抱怨基本都被忽略了。

在一次集团战略会议上，客服的负责人又提到了这个问题，称其已经影响了客服的工作效率。会后，集团领导意识到了问题的急迫性，启动了客服系统的整改项目。

项目组调研了查询慢和工单详情打开慢的问题，具体情况如下。

1）查询慢。当时工单数据库里面有1000万左右的客服工单时，每次查询时需要关联其他近10个表，一次查询平均花费13秒左右。

2）打开工单慢。工单打开以后需要调用多个接口，分别将用户信息、订单信息以及其他客服创建的单据信息列出来（如退款、赔偿、充值、投诉等）。打开工单详情页需要近5秒。

因为以前做过冷热分离，所以项目组人员脑海中第一个思路就是，能不能把不常用的工单数据移到其他数据库？

但是这次不一样了，因为向客服调研的时候发现，有些工单的处理会涉及诉讼，所以周期很长，比如一个3年前建的工单最近还在处理。项目组问客服，这是不是个例，客服说不是，这种工单还不少。又问客服，是不是只有涉及诉讼的工单才会拖这么久？客服说，基本是这样。

项目组就有了一种思路：针对投诉类型的工单，不做冷热分离，其他类型的工单处理后归档冷数据库。

但是进一步调研以后才发现，还有个工单类型转换的场景，即原本客户只是咨询，沟通中发现了问题，然后就转投诉了，但是系统设计的功能中，是不能修改工单类型的。也就是说，有些客服工单表面上只是咨询，其实是投诉。

这样冷热分离的方案就不合适了，因为再继续下去，这个方案会跟业务耦合很深，对业务代码的影响面会变得很大。

还有个思路：读写分离。

这个思路是这样的：MySQL有个主从架构，可以将所有对工单表的写操作转入MySQL的主库，所有对工单表的查询操作连接到MySQL的从库。读写分离的好处就是，读的请求和写的请求针对不同的数据库，彼此不会抢占数据库资源。而且，主库用InnoDB的存储引擎，从库用MyISM，MyISM不支持事务，但是性能更好。

但是，使用这个方案得到的工单查询速度提升有限，所以最终没有采用。它主要还是用在数据库高并发的场景中。

最终采用的是查询分离的解决方案，即将更新的数据放在主数据库里，而查询的数据放在另外一个专门针对搜索的存储系统里。

对于主数据库，因为数据的更新都是单表更新，不需要关联也没有外键，而且不会被查询操作占用数据库资源，所以写的性能就没有问题了。数据的查询则通过一个专门处理大数据量的查询引擎来解决，它的优点就是能够实现快速查询。

接下来详细介绍一下这个方案。

2.2 查询分离简介

2.2.1 何为查询分离

查询分离即每次写数据时保存一份数据到其他的存储系统里，用户查询数据时直接从中获取数据，如图 2-1 所示。

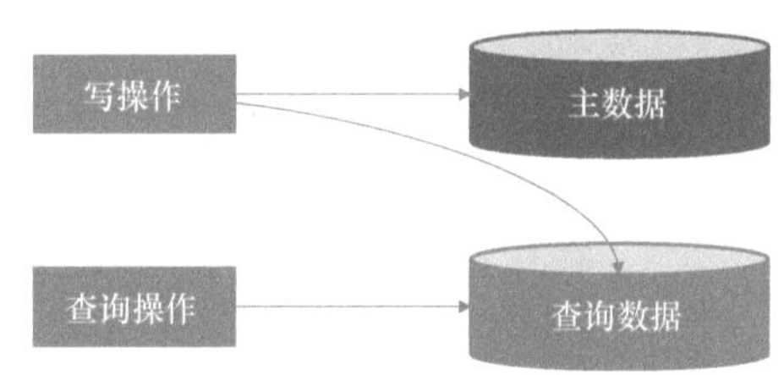

● 图 2-1 查询分离示意图

2.2.2 何种场景下使用查询分离

当在实际业务中遇到以下情形时，就可以考虑使用查询分离。

1）数据量大：比如单个表的行数有上千万，当然，如果几百万就出现查询慢的问题，也可以考虑使用。

2）查询数据的响应效率很低：因为表数据量大，或者关联查询太过复杂，导致查询很慢的情况。

3）所有写数据请求的响应效率尚可：虽然查询慢，但是写操作的响应速度还可以接受的情况。

4）所有数据任何时候都可能被修改和查询：这一点是针对冷热分离的，因为如果有些数据走入终态就不再用到，就可以归档到冷数据库了，不一定要用查询分离这个方案。

很多人对查询分离这个概念特别熟悉，但是对于查询分离的使用场景不太理解，这是不够的。只有了解了查询分离的真正使用场景，才能在遇到实际问题时采取最正确的解决方案，这也是本书的立意所在。

接下来谈谈查询分离的实现思路。

2.3 查询分离实现思路

如图 2-2 所示，查询分离的实现思路如下。

1）如何触发查询分离？

2）如何实现查询分离？

3）查询数据如何存储？

4）查询数据如何使用？

5）历史数据如何迁移？

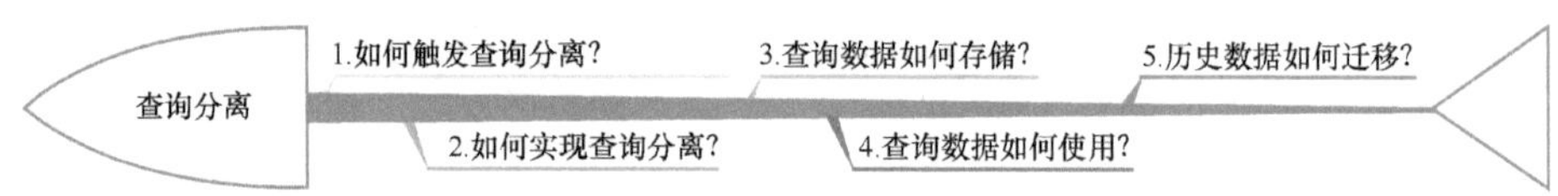

● 图 2-2　查询分离需要考虑的问题

下面针对以上 5 个问题的解决方案进行展开。

2.3.1 如何触发查询分离

这个问题是说应该在什么时候保存一份数据到查询数据库，即什么时候触发查询分离这个动作。

一般来说，查询分离的触发逻辑分为 3 种。

1）修改业务代码，在写入常规数据后同步更新查询数据。如图 2-3 所示，每次客服单击更新工单的按钮后，在处理该动作的请求线程当中，除了更新工单数据外，还要调用一个更新工单查询数据的操作。直到这些操作都完成以后，再返回请求结果给客服。

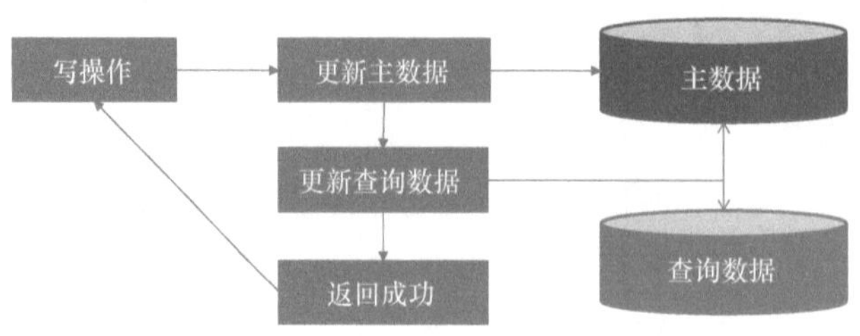

● 图 2-3　修改业务代码同步更新查询数据

2）修改业务代码，在写入常规数据后，异步更新查询数据。如图 2-4 所示，客服单击更新工单的按钮后，在处理该动作的请求线程当中，更新工单数据，而后异步发起另外一个线程去更新工单数据到查询数据库。不用等到查询数据更新完成，就直接返回请求结果给客服。

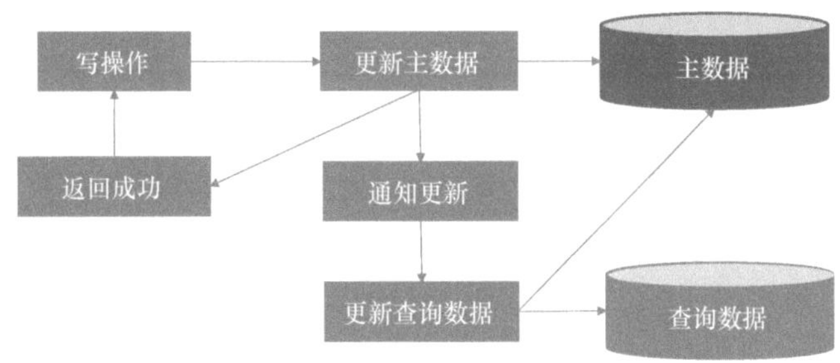

• 图 2-4　修改业务代码异步更新查询数据

3）监控数据库日志，如有数据变更，则更新查询数据。这个设计不会影响业务代码。如图 2-5 所示，监控主数据库的数据库日志文件（binlog），一旦发现有变更，就触发工单数据的更新操作，去更新查询数据。

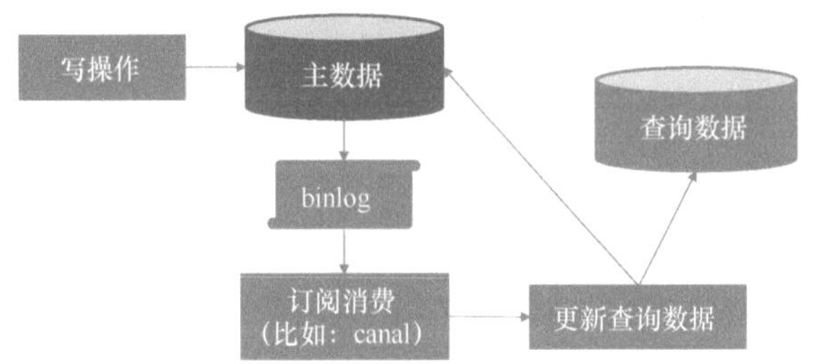

• 图 2-5　监控数据库日志更新查询数据

以上 3 种触发逻辑的优缺点见表 2-1。

表 2-1　3 种触发逻辑的优缺点

	修改业务代码 同步更新查询数据	修改业务代码 异步更新查询数据	监控数据库日志
优点	• 保证查询数据的实时性和一致性 • 业务逻辑灵活可控	• 不影响主流程	• 不影响主流程 • 业务代码零侵入
缺点	• 侵入业务代码 • 减缓写操作速度	• 查询数据更新前，用户可能会查询到过时数据	• 查询数据更新前，用户可能会查询到过时数据 • 架构复杂一些

为方便理解表 2-1 中的内容，下面就其中几个概念展开说明。

（1）业务逻辑灵活可控

一般来说，写业务代码的人能从业务逻辑中快速判断出何种情况下更新查询数据，而监控数据库日志的人并不能将全部的数据库变更分支穷举出来，再把所有的可能性关联到对应的查询数据更新逻辑中，最终导致任何数据的变更都需要重新建立查询数据。

（2）减缓写操作速度

更新查询数据的一个动作能减缓多少写操作速度？答案是很多。举个例子：当只是简单更新了订单的一个标识时，本来更新这个字段的时间只需要 2 毫秒，但是去更新订单的查询数据时，可能会涉及索引重建（比如使用 Elasticsearch 查询数据库时，会涉及索引、分片、主从备份，其中每个动作又细分为很多子动作，这些内容后面的场景会讲到），这时更新查询数据的过程可能就需要 1 秒了。

（3）查询数据更新前，用户可能查询到过时数据

这里结合第 2 种触发逻辑来讲。比如某个操作正处于订单更新状态，状态更新时会异步更新查询数据，更新完后订单才从“待审核”状态变为“已审核”状态。假设查询数据的更新时间需要 1 秒，这 1 秒中如果用户正在查询订单状态，这时主数据虽然已变为“已审核”状态，但最终查询的结果还是显示为“待审核”状态。

根据表 1-2 中的对比，可总结出 3 种触发逻辑的适用场景，见表 2-2。

表 2-2　3 种触发逻辑的适用场景

触发逻辑	适用场景
修改业务代码 同步更新查询数据	业务代码比较简单且对写操作的响应速度要求不高
修改业务代码 异步更新查询数据	业务代码比较简单且对写操作的响应速度有要求
监控数据库日志	业务代码比较复杂，或者代码改动代价太大

在与客服的沟通中得知，她们的工作状态一般是一边接线一边修改工单，所以希望工单页面的反应要快一些，也就是说，她们对写操作的响应速度有要求；另外，项目组成员对业务代码比较熟悉，有办法找到所有修改工单的代码。

基于这两点考虑，项目组最后选择了第 2 种方案：修改所有与工单写操作有关的业务代码，在更新完工单数据后，异步触发更新查询数据的逻辑，而后不等

查询数据更新完成，就直接返回结果给客服。

触发查询分离的方式考虑清楚了，接下来就要考虑如何实现查询分离。

2.3.2 如何实现查询分离

项目组选择的是第2种触发方案：修改业务代码异步更新查询数据。最基本的实现方式是单独启动一个线程来创建查询数据，不过使用这种做法要考虑以下情况。

1）写操作较多且线程太多时，就需要加以控制，否则太多的线程最终会拖垮JVM。

2）创建查询数据的线程出错时，如何自动重试？如果要自动重试，是不是要有个地方标识更新失败的数据？

3）多线程并发时，很多并发场景需要解决。

面对以上3种情况，该如何处理？此时就可以考虑使用MQ（Message Queue，消息队列）来解决这些问题了。

MQ的具体操作思路为，每次程序处理主数据写操作请求时，都会发一个通知给MQ，MQ收到通知后唤醒一个线程来更新查询数据，如图2-6所示。

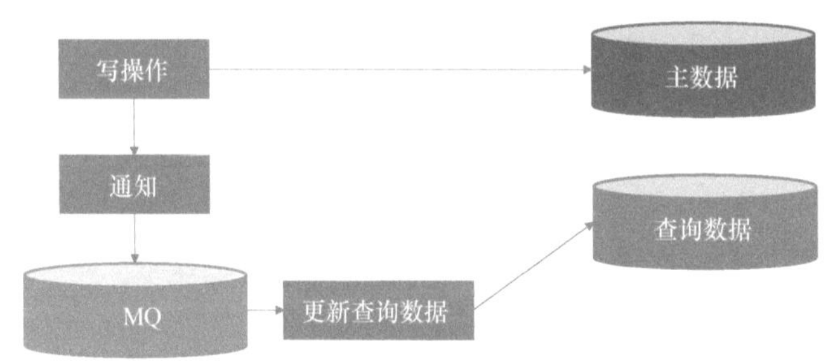

● 图2-6　MQ触发查询数据更新示意图

了解MQ的具体操作思路后，还应该考虑以下5个问题。

问题1：MQ如何选型？

如果公司已经使用MQ，那选型问题也就不存在了，毕竟技术部门不会同时维护两套MQ中间件，如果公司还没有使用MQ，就需要考虑选型的问题了。

MQ的选型建议如下。

1）召集技术中心所有能做技术决策的人共同投票选型。

2）在并发量不高的情况下，不管选择哪个MQ，最终都能实现想要的功能，只不过存在是否易用、业务代码多少的区别，因此从易用性考量即可。当然，前提是支持自己使用的编程语言。

Rabbit MQ、Rocket MQ、Kafka、Active MQ、Redis 都有实际应用，当然每一家公司都会有一份很严谨的选型报告，证明它们的选型是最正确的。

问题 2：MQ 宕机了怎么办？

考虑 MQ 宕机的情况有以下场景。

1）工单 A 更新后要通知 MQ，但是 MQ 宕机了，于是 MQ 没有这条消息，出现消息丢失的情况。

2）MQ 收到消息，然后消费者读到消息，但是 MQ 宕机了，于是 MQ 不知道消费者是不是已经消费成功，可能造成消息重复投递。

如果 MQ 宕机了，项目组只需要保证主流程正常进行，且 MQ 恢复后数据正常处理即可，具体方案分为 3 步。

1）每次进行写操作时，在主数据中加标识 NeedUpdateQueryData = true，这样发到 MQ 的消息就很简单，只是一个简单的信号来告知更新数据，并不包含更新的数据 ID。

2）MQ 的消费者获取信号后，先批量查询待更新的主数据，然后批量更新查询数据，更新完成后查询数据的主数据标识 NeedUpdateQueryData 更新为 false。

3）若存在多个消费者同时有迁移动作的情况，就涉及并发性的问题，这与前一场景冷热分离中的并发性处理逻辑类似，这里不再赘述。

结合以上处理过程，再分析一下前面的两个 MQ 宕机场景。

1）工单 A 更新后要通知 MQ，但是 MQ 宕机了，于是 MQ 没有这条消息，出现消息丢失的情况。等 MQ 恢复后，假设工单 B 也更新了，此时触发了一个消费者线程，这个线程会查询 NeedUpdateQueryData = true 的数据，结果工单 A 和 B 都被查询到了。这两个工单都将被同步到查询数据库。

2）MQ 收到消息，然后消费者读到消息，但是 MQ 宕机了，于是 MQ 不知道消费者是不是已经消费成功，可能造成消息重复投递。假设工单 A 更新后，MQ 收到一条消息，然后消费者消费了这条消息，同步了工单 A，但是在回调给 MQ 告知消费成功时，MQ 宕机了，于是 MQ 不知道这条消息已经被消费，它恢复后又投递了同步工单的消息。此时消费者收到消息后，去查询数据库，但是其实工单 A 已经同步，NeedUpdateQueryData 标识改成了 false，待更新工单不再包含工单 A，所以消息重复投递问题也解决了。

问题3：更新查询数据的线程失败了怎么办？

如果更新的线程失败了，NeedUpdateQueryData 标识就不会更新，后面的消费者会再次将有 NeedUpdateQueryData 标识的数据拿出来处理。但如果一直失败，可以在主数据中添加一个尝试迁移次数，每次尝试迁移时将其加1，成功后就清零，以此监控那些尝试迁移次数过多的数据。

问题4：消息的幂等消费。

再梳理一下同步步骤。

1）更新工单并且将工单的 NeedUpdateQueryData 改为 true。

2）连接 MQ 生产消息。

3）MQ 投递消息给消费者。

4）消费者获取 NeedUpdateQueryData 为 true 的工单。

5）消费者将前面获取的工单同步到查询数据库。

6）消费者将主数据库中相应工单的字段 NeedUpdateQueryData 改为 false。

7）消费者回调给 MQ，告知消息已经被消费。

为什么要考虑幂等的情况呢？举一个例子，当执行完上面的步骤5）之后，突然网络出问题了，接下来的步骤6）、7）就没有被执行。这种情况下，经过一定时间后，这条消息就会被重试，那么上面的步骤5）就会重复执行。

这里的幂等就是要保证步骤5）可以重复执行多次，而且得到的最终结果是一致的。

问题5：消息的时序性问题。

比如某个订单 A 更新了一次数据变成 A1，线程甲将 A1 的数据迁移到查询数据中。不一会儿，后台订单 A 又更新了一次数据变成 A2，线程乙也启动工作，将 A2 的数据迁移到查询数据中。

这里的时序性问题是，如果线程甲启动比乙早，但迁移数据的动作比线程乙还要慢，就有可能导致查询数据最终变成过期的 A1，如图2-7所示，动作前面的序号代表实际动作的先后顺序。

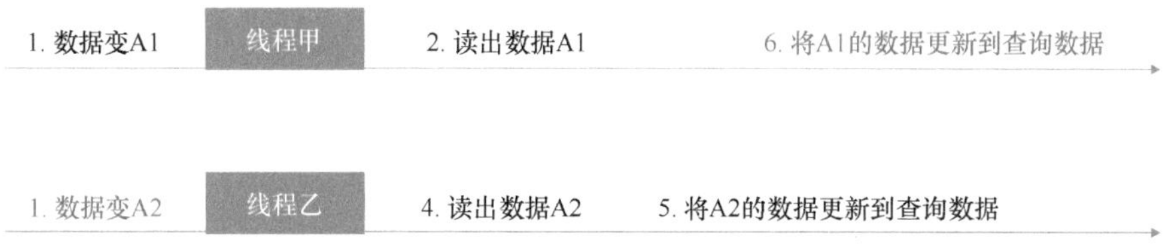

1. 数据变A1 | 线程甲 | 2. 读出数据A1 | 6. 将A1的数据更新到查询数据

1. 数据变A2 | 线程乙 | 4. 读出数据A2 | 5. 将A2的数据更新到查询数据

● 图2-7 时序性问题示意图

此时解决方案为主数据每次更新时，都更新上次更新的时间 last_update_time，然后每个线程更新查询数据后，检查当前工单 A 的 last_update_time 是否与线程刚开始获得的时间相同，以及 NeedUpdateQueryData 是否等于 false，如果都满足，就将 NeedUpdateQueryData 改为 true，然后再做一次迁移。

此处读者心中可能有个疑问：MQ 在这里的作用只是一个触发信号的工具，如果不用 MQ 似乎也可以。其实不然，这里 MQ 的作用如下。

1）服务的解耦：这样主业务逻辑就不会依赖更新查询数据这个服务了。

2）控制更新查询数据服务的并发量：如果直接调用更新查询数据服务，因写操作速度快，更新查询数据速度慢，写操作一旦并发量高，就会造成更新查询数据服务的超载。如果通过消息触发更新查询数据服务，就可以通过控制消息消费者的线程数来控制负载。

接下来再看一下，查询数据如何存储。

2.3.3 查询数据如何存储

应该使用什么技术来存储查询数据呢？目前开发者们主要使用 Elasticsearch 实现大数据量的搜索查询，当然还可能用到 MongoDB、HBase 这些技术，这就需要开发者对各种技术的特性了如指掌后再进行技术选型。

前面已经介绍了 HBase。它可以存储海量数据，但是其设计初衷并不是用来做复杂查询，即使可以做到，效率也不高。而此处的工单查询复杂度很高，所以项目组最后锁定的两个选项是 MongoDB 和 Elasticsearch。

关于技术选型这个问题，很多时候不能只考虑业务功能的需求，还需要考虑人员的技术结构。比如在这个项目中，设计架构方案时选用了 Elasticsearch，之所以这样，除 Elasticsearch 对查询的扩展性支持外，最关键的一点是团队对 Elasticsearch 很熟悉，但是没有人熟悉 MongoDB。运维人员也没有 MongoDB 的运维经验。

现在查询分离中的写部分已经完成了，接下来考虑读的部分。

2.3.4 查询数据如何使用

数据存到 Elasticsearch 以后，就要查询了。那查询的时候要注意什么呢？

因 Elasticsearch 自带 API，所以使用查询数据时，在查询业务代码中直接调用 Elasticsearch 的 API 即可。至于 Elasticsearch 的 API 怎么用，这里就不讲了。

不过要考虑一个场景：数据查询更新完前，查询数据不一致怎么办？举一个例子：假设更新工单的操作可以在100毫秒内完成，但是将新的工单同步到Elasticsearch需要2秒，那么在这2秒内，如果用户去查询，就可能查询到旧的工单数据。

这里分享两种解决思路。

1）在查询数据更新到最新前，不允许用户查询。笔者团队没用过这种方案，但在其他实际项目中见到过。

2）给用户提示："您目前查询到的数据可能是2秒前的数据，如果发现数据不准确，可以尝试刷新一下。"这种提示用户一般都能接受。

2.3.5 历史数据迁移

新的架构方案上线后，旧的数据如何适应新的架构方案？这是实际业务中需要考虑的问题。

在这个方案里，只需要把所有的历史数据加上标识 NeedUpdateQueryData = true，程序就会自动处理了。

2.3.6 MQ + Elasticsearch的整体方案

以上小节已经把5个问题都讨论完了，再一起看下查询分离的整体方案。整个方案的要点如下。

1）使用异步方式触发查询数据的同步。当工单修改后，会异步启动一个线程来同步工单数据到查询数据库。

2）通过MQ来实现异步的效果。MQ还做了两件事：①服务的解耦，将工单主业务系统和查询系统的服务解耦；②削峰，当修改工单的并发请求太多时，通过MQ控制同步查询数据库的线程数，防止查询数据库的同步请求太大。

3）将工单的查询数据存储在Elasticsearch中。因为Elasticsearch是一个分布式索引系统，天然就是用来做大数据的复杂查询的。

4）因为查询数据同步到Elasticsearch会有一定的延时，所以用户可能会查询到旧的工单数据，所以要给用户一些提示。

5）关于历史数据的迁移，因为是用字段NeedUpdateQueryData来标识工单是否需要同步，所以只要把所有历史数据的标识改成true，系统就会自动批量将历史数据同步到Elasticsearch。

整个方案如图 2-8 所示。

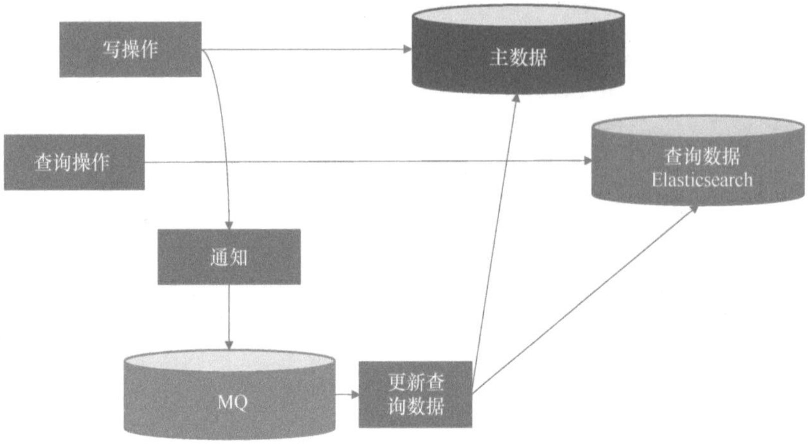

● 图 2-8　整体方案示意图

这个整体方案看似简单，但是其中有一些陷阱必须注意。下面着重介绍一下使用 Elasticsearch 时的注意事项。

2.4 Elasticsearch 注意事项

客观地说，Elasticsearch 确实是个好工具，毕竟它在分布式开源搜索和分析引擎中处于领先地位。不过它也存在不少陷阱，以至于身边几个朋友经常抱怨 Elasticsearch 有多么不好用。

对于 Elasticsearch 而言，想掌握好这门技术，除需要对它的用法了如指掌外，还需要对技术中的各种陷阱了然于心。这里总结一些关于 Elasticsearch 的使用要点。

1）如何使用 Elasticsearch 设计表结构？

2）Elasticsearch 的存储结构。

3）Elasticsearch 如何修改表结构？

4）Elasticsearch 的准实时性。

5）Elasticsearch 可能丢数据。

6）Elasticsearch 分页。

如果你用过 Elasticsearch，这一节学习起来会更容易一些。没使用过也没关系，通过这些要点的展开，也能了解 Elasticsearch 的基本原理和 Elasticsearch 的一些陷阱。

很多人在用 Elasticsearch 时的第一个疑问就是：它跟常用的关系型数据库有什么不同？

2.4.1 如何使用 Elasticsearch 设计表结构

Elasticsearch 是基于索引的设计，它无法像 MySQL 那样使用 join 查询，所以查询数据时需要把每条主数据及关联子表的数据全部整合在一条记录中。

比如，MySQL 中有一个订单数据，使用 Elasticsearch 查询时，会把每条主数据及关联子表数据全部整合，见表 2-3。

表 2-3 订单数据结构

表 名	作 用	与订单主表的关系
order	订单主表	自身
order_invoice	订单发票	一对一
order_product_item	订单商品详情表	一对多
product	商品表	多对多
user	用户表	一对一
⋮	⋮	⋮

但是，使用 Elasticsearch 存储数据时并不会设计多个表，而是将所有表的相关字段数据汇集在一个 Document 中，即一个完整的文档结构，类似下面的示例代码（此处使用 JSON）：

```
{
    "order_ID": {
        "order_ID": "O20201031152145 21",
        "order_invoice": {},
        "user": {
            "user_ID": "U1099",
            "user_name": "李大侠"
        },
        "order_product_item": [
            {
                "product_name": "乒乓球拍",
                "product_count": 1,
                "product_price": 149
```

```
        },
        {
            "product_name": "纸巾",
            "product_count": 2,
            "product_price": 1.4
        }
    ],
    "total_amount": 20
  }
}
```

看到这里，是不是很疑惑：为什么把所有表汇聚在一个 Document 中，而不是设计成多个表？为什么 Elasticsearch 不需要关联查询？这就涉及 Elasticsearch 的存储结构原理相关知识了。

2.4.2 Elasticsearch 的存储结构

Elasticsearch 是一个分布式的查询系统，它的每一个节点都是一个基于 Lucene 的查询引擎。下面通过与 MySQL 的概念对比来更快地理解 Lucene。

1. Lucene 和 MySQL 的概念对比

Lucene 是一个索引系统，此处把 Lucene 与 MySQL 的一些概念做简单对照，见表 2-4。

表 2-4　Lucene 与 MySQL 概念对照

Lucene	MySQL
索引（Index）	数据库（database）
Type	表（table）
Document	行（row、record）
Field	字段（column）
Hit	结果（result）

通过表 2-4 中相关概念的对比，就能比较容易地理解 Lucene 中每个概念的作用了。

到这里可能还有一个疑问：Lucene 的索引（Index）到底是什么？下面继续介绍。

2. 无结构文档的倒排索引

实际上，Lucene 使用的是倒排索引的结构，具体是什么意思呢？

先举个例子，假如有一些无结构的文档，见表 2-5。

表 2-5　无结构文档

文档 ID	文档内容
Doc1	郭靖和黄蓉是夫妻
Doc2	钢铁侠和绿巨人都是英雄
Doc3	孙悟空经常被唐僧念紧箍咒
⋮	⋮

简单倒排索引后显示的结果见表 2-6。

表 2-6　倒排索引

字典表（Dictionary）	倒排表（PostingList）
郭靖	Doc1
黄蓉	Doc1
和	Doc1→Doc2
⋮	⋮

可以发现，无结构的文档经过简单的倒排索引后，字典表主要存放关键字，而倒排表存放该关键字所在的文档 ID。

这个例子已经简单展示了文档数据的倒排索引结构，但是表数据往往是有结构的，而不是一篇篇文章。如果一个文档有结构，那该怎么办?

3. 有结构文档的倒排索引

再来举一个更复杂的例子。比如每个 Doc 都有多个 Field，Field 有不同的值(包含不同的 Term)，见表 2-7。

表 2-7　有结构文档的倒排索引

武侠（Doc）	性别（Field）	年龄（Field）	武功（Field）
#1	男（Term）	22（Term）	降龙十八掌（Term）
#2	女（Term）	20（Term）	拈花指（Term）
#3	男（Term）	65（Term）	紧箍咒（Term）
#4	女（Term）	30（Term）	拈花指（Term）
⋮			⋮

倒排表见表 2-8 ~ 表 2-10。

表 2-8　性别倒排索引

性别字典表（Term Dictionary）	倒排表（Posting List）
男（Term）	#1→#3
女（Term）	#2→#4

表 2-9　年龄倒排索引

年龄字典表（Term Dictionary）	倒排表（Posting List）
22（Term）	#1
20（Term）	#2
65（Term）	#3
30（Term）	#4

表 2-10　武功倒排索引

武功字典表（Term Dictionary）	倒排表（Posting List）
降龙十八掌（Term）	#1
拈花指（Term）	#2→#4
紧箍咒（Term）	#3

也就是说，有结构的文档经过倒排索引后，字段中的每个值都是一个关键字，存放在 Term Dictionary（词汇表）中，且每个关键字都有对应地址指向所在文档。

以上例子只是一个参考，实际上不管是字典表还是倒排表都是非常复杂的数据结构（这里先讨论到这个深度）。了解了 Elasticsearch 的存储数据结构，就能更好地理解 Elasticsearch 的表结构设计思路了。

下面再讨论一下：Elasticsearch 的 Document 如何定义结构和字段格式（类似 MySQL 的表结构）？

4. Elasticsearch 的 Document 如何定义结构和字段格式？

前面讲解了 Elasticsearch 的存储结构，从其基于索引的设计来看，设计 Elasticsearch Document 结构时，并不需要像 MySQL 那样关联表，而是把所有相关数据汇集在一个 Document 中。接下来看个例子。

直接将 2.4.1 节中订单的 JSON 文档转成一个 Elasticsearch 文档（这里需要注意，SQL 中的子表数据在 Elasticsearch 中需要以嵌入式对象的格式存储），代码示例如下：

```
{
    "mappings": {
        "doc": {
            "properties": {
                "order_ID": {
                    "type": "text"
                },
                "order_invoice": {
                    "type": "nested"
                },
                "order_product_item": {
                    "type": "nested",
                    "properties": {
                        "product_count": {
                            "type": "long"
                        },
                        "product_name": {
                            "type": "text"
                        },
                        "product_price": {
                            "type": "float"
                        }
                    }
                },
                "total_amount": {
                    "type": "long"
                },
                "user": {
                    "properties": {
                        "user_ID": {
                            "type": "text"
                        },
                        "user_name": {
                            "type": "text"
                        }
                    }
                }
            }
        }
    }
}
```

至此，大家已经了解了 Elasticsearch 表结构的设计。在实际业务中，往往会遇到这种情况：主数据修改了表结构，Elasticsearch 也要求修改文档结构，这时该怎么办？这就涉及下面要讨论的另一个问题——如何修改表结构。

2.4.3 Elasticsearch 如何修改表结构

在实际业务中，如果想增加新的字段，Elasticsearch 可以支持直接添加，但如果想修改字段类型或者改名，Elasticsearch 官方文档中有相关的介绍可以参考：

> Except for supported mapping parameters, you can't change the mapping or field type of an existing field. Changing an existing field could invalidate data that's already Indexed.
>
> If you need to change the mapping of a field in other indices, create a new index with the correct mapping and reindex your data into that index.
>
> Renaming a field would invalidate data already indexed under the old field name. Instead, add an alias field to create an alternate field name.

其中要点解释如下。因为修改字段的类型会导致索引失效，所以 Elasticsearch 不支持修改原来字段的类型。

如果想修改字段的映射，首先需要新建一个索引，然后使用 Elasticsearch 的 reindex 功能将旧索引复制到新索引中。

那么什么是 reindex 呢？reindex 是 Elasticsearch 自带的 API，在实际代码中查看一下调用示例就能明白它的功用了。

```
POST_reIndex
{
    "source": {
        "Index": "my-Index-000001"
    },
    "dest": {
        "Index": "my-new-Index-000001"
    }
}
```

不过，直接重命名字段时，使用 reindex 功能会导致原来保存的旧字段名的索引数据失效，这种情况该如何解决？可以使用 alias 索引功能，代码示例如下：

```
PUT trips
{
    "mappings": {
        "properties": {
            "distance": {
                "type": "long"
```

```
        },
        "route_length_miles": {
            "type": "alias",
            "path": "distance"
        },
        "transit_mode": {
            "type": "keyword"
        }
    }
  }
}
```

说到修改表结构，使用普通 MySQL 时，并不建议直接修改字段的类型、改名或删除字段。因为每次更新版本时，都要做好版本回滚的准备，所以设计每个版本对应的数据库时，要尽量兼容前面版本的代码。

因 Elasticsearch 的结构基于 MySQL 而设计，两者之间存在对应关系，所以也不建议直接修改 Elasticsearch 的表结构。

那如果确实有修改的需求呢？一般而言，会先保留旧的字段，然后直接添加并使用新的字段，直到新版本的代码全部稳定运行后，再找机会清理旧的不用的字段，即分成两个版本完成修改需求。

介绍完如何修改表结构，再继续讲解最后几个要点：使用 Elasticsearch 时的一些陷阱。

2.4.4 陷阱一：Elasticsearch 是准实时的吗

当更新数据至 Elasticsearch 且返回成功提示时，会发现通过 Elasticsearch 查询返回的数据仍然不是最新的，背后的原因究竟是什么？

因数据索引的整个过程涉及 Elasticsearch 的 Shard（分片），以及 Lucene Index、Segment、Document 三者之间的关系等知识点，所以有必要先对这些内容进行说明。

Elasticsearch 的一个 Shard（Elasticsearch 分片的具体介绍可参考官方文档）就是一个 Lucene Index（索引），每一个 Lucene Index 由多个 Segment（段）构成，即 Lucene Index 的子集就是 Segment，如图 2-9 所示。

Lucene Index、Segment、Document（Doc）三者之间的关系如图 2-10 所示。

通过图 2-10 可以知道，一个 Lucene Index 可以存放多个 Segment，而每个 Segment 又可以存放多个 Document。

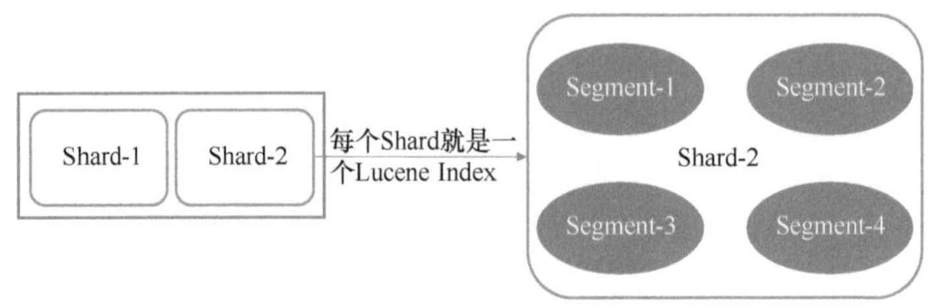

● 图 2-9　分片（Shard）结构图

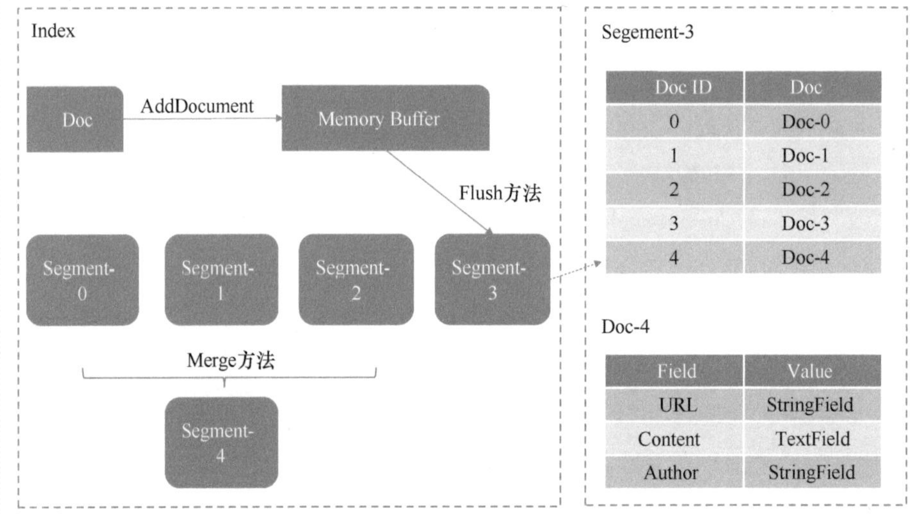

● 图 2-10　Index、Segment、Document 三者之间的关系

掌握了以上基础知识点，接下来就进入正题——数据索引的过程详解。

1）当新的 Document 被创建时，数据首先会存放到新的 Segment 中，同时旧的 Document 会被删除，并在原来的 Segment 上标记一个删除标识。当 Document 被更新时，旧版 Document 会被标识为删除，并将新版 Document 存放在新的 Segment 中。

2）Shard 收到写请求时，请求会被写入 Translog 中，然后 Document 被存放在 Memory Buffer（内存缓冲区）中，最终 Translog 保存所有修改记录，如图 2-11 所示。

Tips

Memory Buffer 的数据并不能被搜索到。

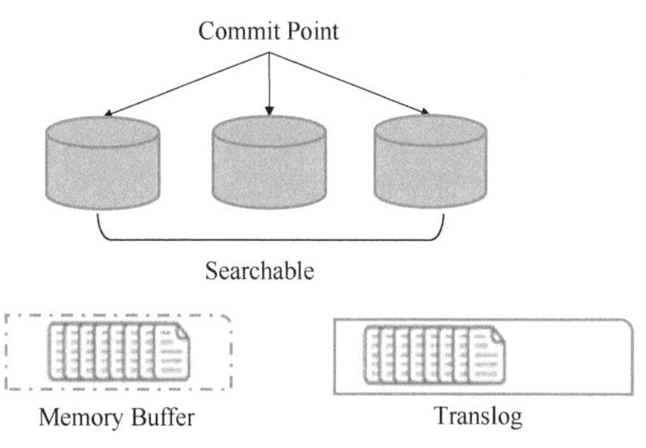

● 图 2-11　写请求处理示意图

3）每隔 1 秒（默认设置），Refresh（刷新）操作被执行一次，且 Memory Buffer 中的数据会被写入一个 Segment，并存放在 File System Cache（文件系统缓存）中，这时新的数据就可以被搜索到了，如图 2-12 所示。

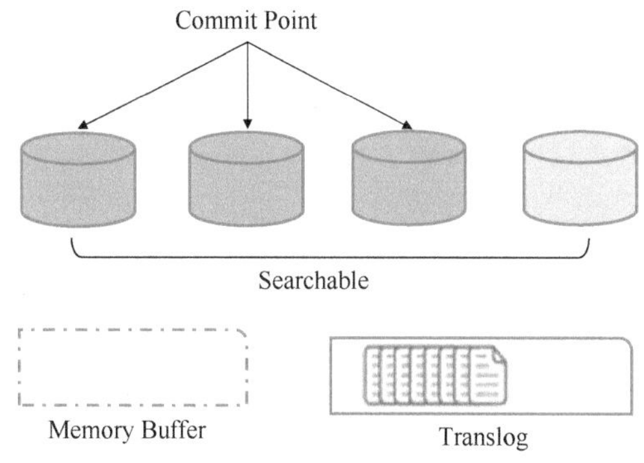

● 图 2-12　Refresh 操作示意图

通过以上数据索引过程的说明，可以发现 Elasticsearch 并不是实时的，而是有 1 秒延时。延时问题的解决方案在前面介绍过，提示用户查询的数据会有一定延时即可。

接下来介绍第二个陷阱。

2.4.5　陷阱二：Elasticsearch 宕机恢复后，数据丢失

上一小节中提及每隔 1 秒（根据配置）Memory Buffer 中的数据会被写入 Segment 中，此时这部分数据可被用户搜索到，但没有持久化，一旦系统宕机，数据就会丢失，如图 2-12 最右边的桶所示。

如何防止数据丢失呢？使用 Lucene 中的 Commit 操作就能轻松解决这个问题。

Commit 操作方法：先将多个 Segment 合并保存到磁盘中，再将灰色的桶变成图 2-12 中蓝色的桶。

不过，使用 Commit 操作存在一点不足：耗费 I/O，从而引发 Elasticsearch 在 Commit 之前宕机的问题。一旦系统在 Translog 执行 fsync 函数之前宕机，数据也会直接丢失，如何保证 Elasticsearch 数据的完整性便成了亟待解决的问题。

遇到这种情况，通过 Translog 解决即可，因为 Translog 中的数据不会直接保存在磁盘中，只有使用 fsync 函数后才会保存。具体实现方式有两种。

1）将 index. translog. durability 设置成 request，其缺点就是耗费资源，性能差一些，如果发现启用这个配置后系统运行得不错，采用这种方式即可。

2）将 index. translog. durability 设置为 fsync，每次 Elasticsearch 宕机启动后，先将主数据和 Elasticsearch 数据进行对比，再将 Elasticsearch 缺失的数据找出来。

Tips

Translog 何时会执行 fsync？当 index. translog. durability 设置为 request 后，每个请求都会执行 fsync，不过这样会影响 Elasticsearch 的性能。这时可以把 index. translog. durability 设置成 fsync，那么每隔时间 index. translog. sync_interval，每个请求才会执行一次 fsync。

2.4.6 陷阱三：分页越深，查询效率越低

Elasticsearch 分页这个陷阱的出现，与 Elasticsearch 读操作请求的处理流程密切关联，如图 2-13 所示。

Elasticsearch 的读操作流程主要分为两个阶段：Query Phase、Fetch Phase。

1）Query Phase：协调的节点先把请求分发到所有分片，然后每个分片在本地查询后建一个结果集队列，并将命令中的 Document ID 以及搜索分数存放在队列中，再返回给协调节点，最后协调节点会建一个全局队列，归并收到的所有结果集并进行全局排序。

Tips

在 Elasticsearch 查询过程中，如果 search 方法带有 from 和 size 参数，Elasticsearch 集群需要给协调节点返回分片数 * （from + size）条数据，然后在单机上进行排序，最后给客户端返回 size 大小的数据。比如客户端请求 10 条数据，有 3 个分片，那么每个分片会返回 10 条数据，协调节点最后会归并 30 条数据，但最终只返回 10 条数据给客户端。

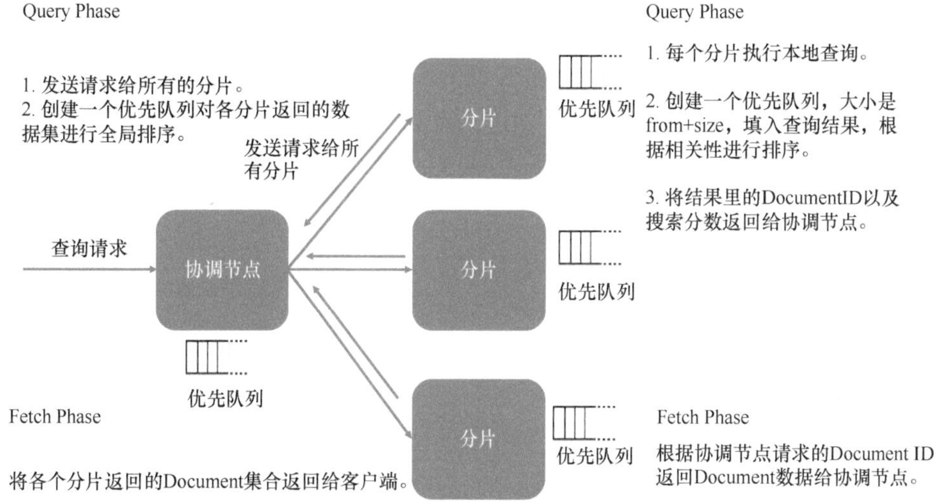

● 图 2-13　Elasticsearch 读操作示意图

2）Fetch Phase：协调节点先根据结果集里的 Document ID 向所有分片获取完整的 Document，然后所有分片返回完整的 Document 给协调节点，最后协调节点将结果返回给客户端。

比如有 5 个分片，需要查询排序序号从 10000 到 10010（from = 10000，size = 10）的结果，每个分片到底返回多少数据给协调节点计算呢？不是 10 条，是 10010 条。也就是说，协调节点需要在内存中计算 10010 * 5 = 50050 条记录，所以在系统使用中，用户分页越深查询速度会越慢，也就是说分页并不是越多越好。

那如何更好地解决 Elasticsearch 分页问题呢？为了控制性能，可以使用 Elasticsearch 中的 max_result_window 进行配置，这个数据默认为 10000，当 from + size > max_result_window 时，Elasticsearch 将返回错误。

这个配置就是要控制用户翻页不能太深，而这在现实场景中用户也能接受，本项目的方案就采用了这种设计方式。如果用户确实有深度翻页的需求，使用 Elasticsearch 中 search_after 的功能也能解决，只是无法实现跳页了。

举一个例子，查询结果按照订单总金额分页，上一页最后一个订单的总金额 total_amount 是 10，那么下一页的查询示例代码如下：

```
{
    "query": {
        "bool": {
            "must": [
                {
                    "term": {
                        "user.user_name.keyword": "李大侠"
                    }
                }
            ],
            "must_not": [],
            "should": []
        }
    },
    "from": 0,
    "size": 2,
    "search_after": [
        "10"
    ],
    "sort": [
        {
            "total_amount": "asc"
        }
    ],
    "aggs": {}
}
```

这个 search_after 里的值，就是上次查询结果排序字段的结果值。

至此，Elasticsearch 的一些要点就介绍完了。MQ 也有一些要点，比如确保时序、确保重试、确保消息重复消费不会影响业务，以及确保消息不丢失等，后续各章节会有相应的场景描述，这里就不再展开了。

2.5 小结

查询分离这个解决方案虽然能解决一些问题，但也要认识到它的不足。

1）使用 Elasticsearch 存储查询数据时，就要接受上面列出的一些局限性：有一定延时，深度分页不能自由跳页，会有丢数据的可能性。

2）主数据量越来越大后，写操作还是慢，到时还是会出问题。比如这里的工单数据，虽然已经去掉了所有外键，但是当数据量上亿的时候，插入还是会有问题。

3）主数据和查询数据不一致时，如果业务逻辑需要查询数据保持一致性呢？这里的查询数据同步到最新数据会有一定的延时，大约为 2 秒。某些业务场景下用户可能无法接受这个延时，特别是跟钱有关的场景。

架构“没有银弹”，不能期望一个解决方案既能覆盖所有的问题，还能实现最小的成本损耗。

如果碰到一个场景不能接受上面某个或某些不足时，该怎么解决？接着看后面的章节。

第3章 分表分库

第2章讲到，查询分离的方案存在三大不足，其中一个就是：当主数据量越来越大时，写操作会越来越缓慢。这个问题该如何解决呢？可以考虑分表分库。

这里先介绍一下真实的业务场景，而后依次介绍拆分存储时如何进行技术选型、分表分库的实现思路是什么，以及分表分库存在哪些不足。

接下来进入业务场景介绍。

3.1 业务场景：亿级订单数据如何实现快速读写

这次项目的对象是电商系统。该系统中大数据量的实体有两个：用户和订单。每个实体涵盖的数据量见表3-1。

表3-1 数据量

实 体	数 据 量
用户	400万
订单	1200万

某天，领导召集IT部门人员开会，说："根据市场推广的趋势，我们的订单很快就会上亿，每天会有100万的新订单。不要问我这个数据怎么出来的，总之，领导交代，让IT部门提前做好技术准备，以防到时候系统撑不住"。

那时候同事们内心是这样想的："又听市场吹牛吧"。领导看了同事们的表情，也知道大家在想什么，他说："我知道你们不相信，我也不相信。但是现在领导给大家任务了，要求系统可以支持上亿订单和每日百万新订单，服务器可以采购。"

做这个规划之前，存储订单的数据库表是一个单库单表。可以预见，在不久的将来数据库的 I/O 和 CPU 就可能支撑不住，因为订单系统原来就不是很快。

然后项目组做了简单的功能，插入一些测试数据，订单量到 2000 万的时候，响应时长就不可接受了。

为了使系统能承受这种日百万级新订单的压力，项目组探讨过很多解决方案，最终决定使用分表分库：先将订单表拆分，再进行分布存储。

原来的订单表就是一个 sale 数据库里面的一张 order 表，之后就会创建多个 order 数据库 order1，order2，order3，order4，……，每个数据库里面又有多张订单表 t_order_1，t_order_2，t_order_3，……。

当然，订单子表也是多张：t_order_item_1，t_order_item_2，t_order_item_3，……。

订单数据根据一定的规律分布存储在不同 order 库里的不同 order 表中。

其实项目组并不是一开始就打算用分表分库，当初也评估了一下拆分存储的其他技术方案。接下来介绍当时是怎么选型的。

3.2 拆分存储的技术选型

拆分存储常用的技术解决方案目前主要分为 4 种：MySQL 的分区技术、NoSQL、NewSQL、基于 MySQL 的分表分库。

3.2.1 MySQL 的分区技术

图 3-1 所示为 MySQL 官方文档中的架构图。MySQL 的分区技术主要体现在图 3-1 中的文件存储层 File System，它可以将一张表的不同行存放在不同的存储文件中，这对使用者来说比较透明。

在以往的项目中，项目组不使用它的原因主要有 3 点。

1）MySQL 的实例只有一个，它仅仅分摊了存储，无法分摊请求负载。

2）正是因为 MySQL 的分区对用户透明，所以用户在实际操作时往往不太注意，如果 SQL 跨了分区，那么操作就会严重影响系统性能。

3）MySQL 还有一些其他限制，比如不支持 query cache、位操作表达式等。感兴趣的读者可以查看官方文档中的相关内容 https://dev.mysql.com/doc/refman/5.7/en/partitioning-limitations.html。

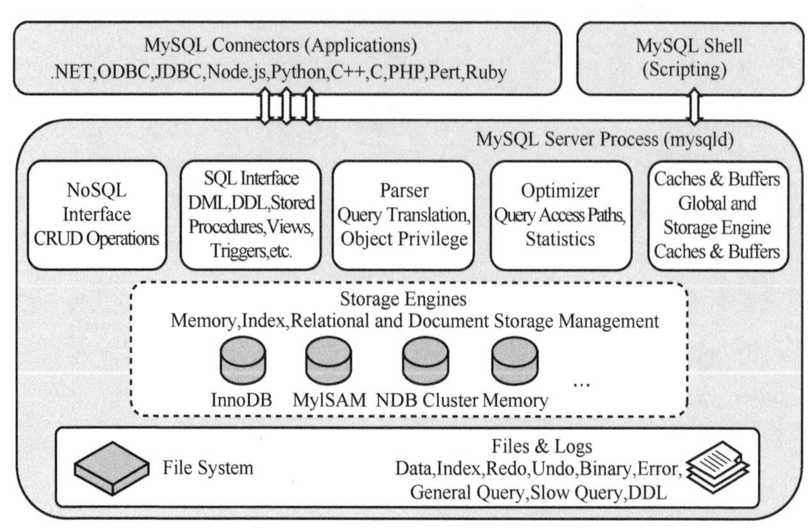

● 图 3-1 MySQL 架构图

3.2.2 NoSQL

比较典型的 NoSQL 数据库就是 MongoDB。MongoDB 的分片功能从并发性和数据量这两个角度已经能满足一般大数据量的需求，但是还需要注意下面 3 点。

1）约束考量：MongoDB 不是关系型数据库而是文档型数据库，它的每一行记录都是一个结构灵活可变的 JSON，比如存储非常重要的订单数据时，就不能使用 MongoDB，因为订单数据必须使用强约束的关系型数据库进行存储。举个例子，订单里面有金额相关的字段，这是系统里面的核心数据，所以必须保证每个订单数据都有这些金额相关的字段，并且不管是怎样的业务逻辑修改，这些字段都要保存好，这时可以通过数据库的能力加一层校验，这样即使业务代码出了问题，导致这些字段存储不正确，也可以在数据库这一层面阻隔问题。

当然，MongoDB 3.2 版以后也支持 Schema Validation（模式验证），可以制订一些约束规则。不过项目组使用 MongoDB 的原因之一就是看重它灵活的 Schema（模式）。

2）业务功能考量：订单这种跟交易相关的数据肯定要支持事务和并发控制，而这些并不是 MongoDB 的强项。而且除了这些功能以外，多年来，事务、锁、SQL、表达式等各种各样的操作都在 MySQL 身上一一实践过，MySQL 可以说是久经考验，因此在功能上 MySQL 能满足项目所有的业务需求，MongoDB 却不一定能，且大部分的 NoSQL 也存在类似复杂功能支持的问题。

3）稳定性考量：人们对 MySQL 的运维已经很熟悉了，它的稳定性没有问题，然而 MongoDB 的稳定性无法保证，毕竟很多人不熟悉。

基于以上的原因，当时项目组排除了 MongoDB。

3.2.3 NewSQL

NewSQL 技术还比较新，笔者曾经想在一些不重要的数据中使用 NewSQL（比如 TiDB），但从稳定性和功能扩展性两方面考量后，最终没有使用，具体原因与 MongoDB 类似。

3.2.4 基于 MySQL 的分表分库

最后说一下基于 MySQL 的分表分库：分表是将一份大的表数据进行拆分后存放至多个结构一样的拆分表中；分库就是将一个大的数据库拆分成类似于多个结构的小数据库。场景介绍里就举了个简单的例子，这里不再赘述。

项目组没有选用前面介绍的 3 种拆分存储技术，而是选择了基于 MySQL 的分表分库，其中有一个重要考量：分表分库对于第三方依赖较少，业务逻辑灵活可控，它本身并不需要非常复杂的底层处理，也不需要重新做数据库，只是根据不同逻辑使用不同 SQL 语句和数据源而已，因此，之后出问题的时候也能够较快地找出根源。

如果使用分表分库，有 3 个通用技术需求需要实现。

1）SQL 组合：因为关联的表名是动态的，所以需要根据逻辑组装动态的 SQL。比如，要根据一个订单的 ID 获取订单的相关数据，Select 语句应该针对（From）哪一张表？

2）数据库路由：因为数据库名也是动态的，所以需要通过不同的逻辑使用不同的数据库。比如，如果要根据订单 ID 获取数据，怎么知道要连接哪一个数据库？

3）执行结果合并：有些需求需要通过多个分库执行后再合并归集起来。假设需要查询的数据分布在多个数据库的多个表中（比如在 order1 里面的 t_order_1，order2 里面的 t_order_9 中），那么需要将针对这些表的查询结果合并成一个数据集。

而目前能解决以上问题的中间件分为两类：Proxy 模式、Client 模式。

1）Proxy 模式：图 3-2 所示为 ShardingSphere 官方文档中的 Proxy 模式图，重点看中间的 Sharding – Proxy 层。

这种设计模式将 SQL 组合、数据库路由、执行结果合并等功能全部放在了一个代理服务中，而与分表分库相关的处理逻辑全部放在了其他服务中，其优点是对业务代码无侵入，业务只需要关注自身业务逻辑即可。

2）Client 模式：ShardingSphere 官方文档中的 Client 模式如图 3-3 所示。这种设计模式将分表分库相关逻辑放在客户端，一般客户端的应用会引用一个 jar，然后在 jar 中处理 SQL 组合、数据库路由、执行结果合并等相关功能。

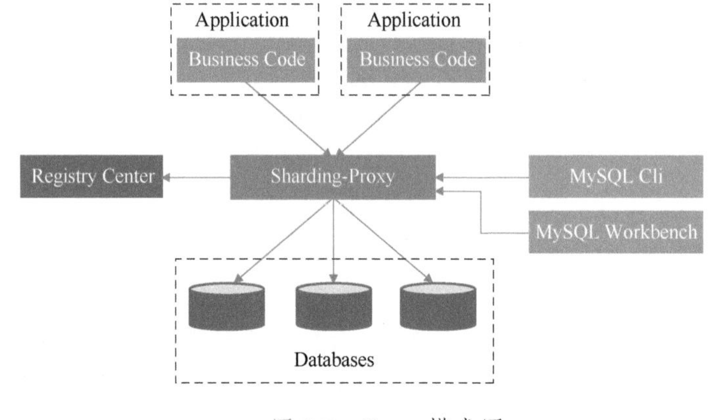

● 图 3-2　Proxy 模式图

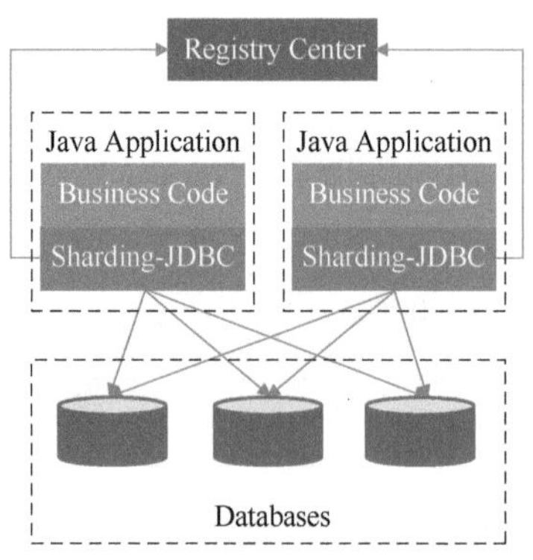

● 图 3-3　Client 模式图

这两种模式的中间件见表 3-2。

表 3-2 常见分表分库中间件

中间件	模式	厂家	语言
MyCat	Proxy		Java
KingShard	Proxy		Go
Atlas	Proxy	360	C
zebra	Client	美团	Java
cobar	Proxy	阿里	Java
Sharding - JDBC	Client	ApacheShardingSphere	Java
TSharding	Client	蘑菇街	Java

这两种开源中间件的设计模式该如何选择呢？先简单对比一下它们的优缺点，见表 3-3。

表 3-3 Client 模式与 Proxy 模式的优缺点

模式	优点	缺点
Proxy	• 多语言 • 资源消耗解耦，不需要消耗客户端的资源 • 升级方便	• 多一层服务调用，线上调试难一些 • 增加了运维成本
Client	• 少一层服务调用，代码灵活可控 • 减少了运维成本	• 单语言 • 升级不方便

因为看重“代码灵活可控”这个优势，项目组最终选择了 Client 模式里的 Sharding - JDBC 来实现分表分库，如图 3-3 所示。

当然，关于拆分存储选择哪种技术合适，在实际工作中需要根据具体情况来定。

3.3 分表分库实现思路

技术选型这一难题解决后，具体如何落实分表分库方案呢？需要考虑 5 个要点。

1）使用什么字段作为分片主键？

2）分片的策略是什么？

3）业务代码如何修改？

4）历史数据如何迁移？

5）未来的扩容方案是什么？

具体如下。

3.3.1 使用什么字段作为分片主键

先来回顾一下业务场景中的数据库示例，见表 3-4。

表 3-4 用户和订单数据量

实 体	数 据 量	增 长 趋 势
用户	上千万	每日 10 万
订单	上亿	每日百万级增长

把表 3-4 中的数据拆分成一个订单表，表中主要数据结构见表 3-5。

表 3-5 订单主要数据结构

表 名	字 段	备 注
t_order	user_ID	客户 ID
	order_ID	订单 ID
	user_city_ID	用户所在城市 ID，这是一个冗余字段
	order_time	下单时间
	⋮	⋮

表 t_order 使用 user_ID 作为分片主键，为什么呢？当时的思路如下。

在选择分片主键之前，首先要了解系统中的一些常见业务需求。

1）用户需要查询所有订单，订单数据中肯定包含不同的 user_ID、order_time。

2）后台需要根据城市查询当地的订单。

3）后台需要统计每个时间段的订单趋势。

根据这些常见业务需求，判断一下优先级，用户操作（也就是第一个需求）必须优先满足。

此时如果使用 user_ID 作为订单的分片主键，就能保证每次用户查询数据（第一个需求）时，在一个分库的一个分表里即可获取数据。

因此，在方案里，最终还是使用 user_ID 作为分片主键，这样在分表分库查询时，首先会把 user_ID 作为参数传过来。

Tips

选择字段作为分片主键时，一般需要考虑3个要求：数据尽量均匀分布在不同的表或库、跨库查询操作尽可能少、所选字段的值不会变（这点尤为重要）。

3.3.2 分片的策略是什么

决定使用 user_ID 作为订单分片主键后，就要开始考虑使用何种分片策略了。

目前通用的分片策略分为根据范围分片、根据 Hash 值分片、根据 Hash 值及范围混合分片这 3 种。

1）根据范围分片：比如 user_ID 是自增型数字，把 user_ID 按照每 100 万份分为一个库，每 10 万份分为一个表的形式进行分片，见表 3-6。

表 3-6 范围分片表结构

user_ID 范围	数据库名	表名
0 ~ 99999	order_0	t_order_00
100000 ~ 199999	order_0	t_order_01
200000 ~ 299999	order_0	t_order_02
⋮	order_0	⋮
900000 ~ 999999	order_0	t_order_09
1000000 ~ 1099999	order_1	t_order_10

说明：这里只讲分表，分库就是把分表分组存放在一个库即可。

2）根据 Hash 值分片：指的是根据 user_ID 的 Hash 值 mod（取模）一个特定的数进行分片（为了方便后续扩展，一般是 2^n）。

3）根据 Hash 值及范围混合分片：先按照范围分片，再根据 Hash 值取模分片。比如，表名 = order_#user_ID% 10#_#hash（user_ID）% 8，即分成了 10 × 8 = 80 个表，如图 3-4 所示。

以上 3 种分片策略到底应该选择哪个？只需要考虑一点：假设之后数据量变大了，需要把表分得更细，此时保证迁移的数据尽量少即可。

因此，根据 Hash 值分片时，一般建议拆分成 2^n 个表。比如分成 8 张表，数据迁移时把原来的每张表拆一半出来组成新表，这样数据迁移量就小了。

当初的方案中，就是根据 user_ID 的 Hash 值按 32 取模，把数据分到 32 个数据库中，每个数据库再分成 16 张表。

简单计算一下，假设每天订单量为 1000 万，则每个库日增 1000 万/16 = 31.25 万，每个表日增 1000 万/32/16 = 1.95 万，3 年后每个表的数据量就是 2000 万左右，仍在可控范围内。

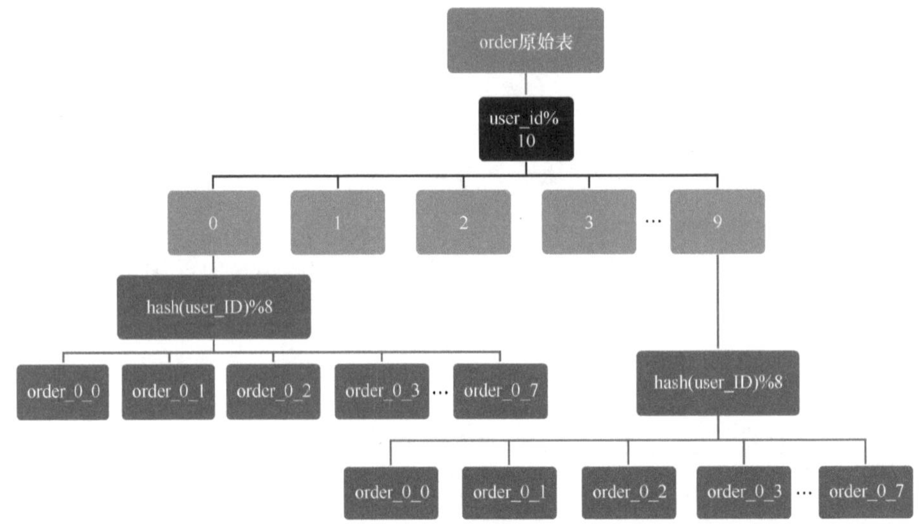

● 图 3-4　Hash 值和范围混合分片结构

如果业务增长特别快，且运维还能承受，为避免以后出现扩容问题，建议库分得越多越好。

3.3.3　业务代码如何修改

分片策略确定后，就要考虑业务代码如何修改了。因业务代码修改与业务强关联，所以该项目采用的方案不具备通用性，这里就没有列出来。

但是，笔者在这里分享一些经验。近年来，分表分库操作更加容易，不过需要注意几个要点。

1）如果使用微服务，对于特定表的分表分库，其影响面只为该表所在的服务，而如果是一个单体架构的应用做分表分库，那会很麻烦。因为单体架构里面会有很多的跨表关联查询，也就是说，很多地方会直接与订单表一起进行 Join 查询，这种情况下，要想将订单数据拆分到多个库、多个表中，修改的代码就会非常多。

2）在互联网架构中，基本不使用外键约束。

3）分库分表以后，与订单有关的一些读操作都要考虑对应的数据是在哪个库哪个表。可以的话，尽量避免跨库或跨表查询。

一般来说，除了业务代码需要修改以外，历史数据的迁移也是一个难点。

3.3.4 历史数据如何迁移

历史数据的迁移非常耗时，迁移几天几夜都很正常。而在互联网行业中，别说几天几夜，就算停机几分钟，业务都可能无法接受，这就要求给出一个无缝迁移的解决方案。

讲解查询分离时提过一个方案，就是监控数据库变更日志，将数据库变更的事件变成消息，存到消息系统，然后有个消费者订阅消息，再将变动的数据同步到查询数据库，如图3-5所示。

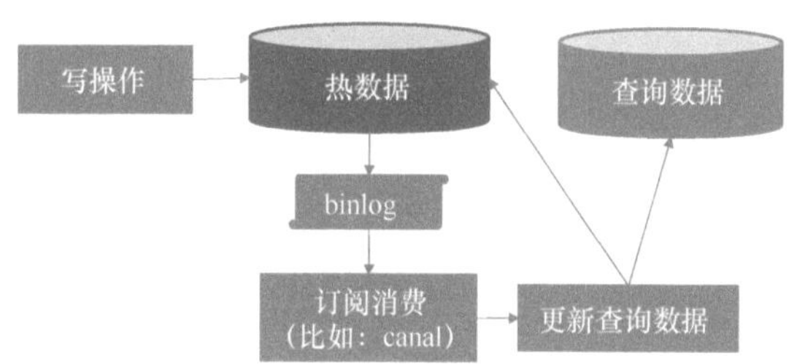

图3-5　监控数据库日志更新查询数据示意图

历史数据迁移就可以采用类似的方案，如图3-6所示。

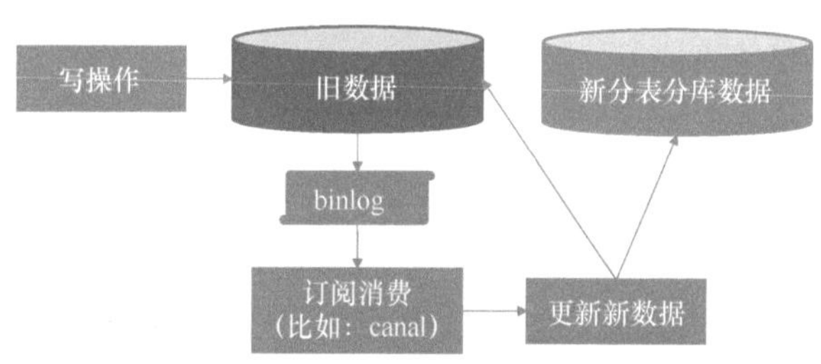

图3-6　分表分库数据迁移方案示意图

此数据迁移方案的基本思路为：旧架构继续运行，存量数据直接迁移，增量数据监听binlog，然后通过canal通知迁移程序迁移数据，等到新的数据库拥有全量数据且校验通过后再逐步切换流量到新架构。

数据迁移解决方案的详细步骤如下。

1）上线 canal，通过 canal 触发增量数据的迁移。

2）迁移数据脚本测试通过后，将老数据迁移到新的分表分库中。

3）注意迁移增量数据与迁移老数据的时间差，确保全部数据都被迁移过去，无任何遗漏。

4）此时新的分表分库中已经拥有全量数据了，可以运行数据验证程序，确保所有数据都存放在新数据库中。

到这里数据迁移就算完成了，之后就是新版本代码上线，至于是灰度上线还是直接上线，需要根据实际情况决定，回滚方案也是一样。

3.3.5 未来的扩容方案是什么

随着业务的发展，如果原来的分片设计已经无法满足日益增长的数据量的需求，就需要考虑扩容了。扩容方案主要依赖以下两点。

1）分片策略是否可以让新表数据的迁移源只有一个旧表，而不是多个旧表？这就是前面建议使用 2^n 分表的原因——以后每次扩容都能扩为 2 倍，都是把原来一张表的数据拆分到两张表中。

2）数据迁移。需要把旧分片的数据迁移到新的分片上，这个方案与上面提及的历史数据迁移一样，此处不再赘述。

3.4 小结

分表分库的解决方案就讲完了，这也是业界常用的做法。这个方案实现以后，项目组对它做了一些压力测试，1 亿订单量的情况下，基本上也能做到 20 毫秒之内响应。

后来，随着业务的发展，在分表分库系统上线的 11 个月后，日订单量达到了 100 万。事实证明，在大数据时代，提前考虑大数据量的到来是必要的。

不过系统在营销高峰期还是出了问题：宕机 1 小时。但问题不在订单数据库这边，而是出现在一个商品 API 服务的缓存上。订单数据库和商品 API 服务分别由订单组和商品组负责。

回到这个方案，它在订单读写层面基本是足够的，至少保证了数据库不会宕机，不会因为订单量大系统就撑不住。

不过该方案还有一些不足之处。

1）复杂查询慢：很多查询需要跨订单数据库进行，然后再组合结果集，这样的查询比较慢。业界的普遍做法是前面提到的查询分离。第2章讲了单独使用Elasticsearch做查询分离的方案，这里分表分库的二期项目也进行了查询分离，只是查询数据存到了Elasticsearch和HBase中。Elasticsearch存放订单ID、用来查询关键字的字段以及查询页面列表里用到的字段，HBase存放订单的全量数据。Elasticsearch先根据用户的查询组合返回查询结果到查询页面。用户点击特定的订单，就能根据订单ID去HBase获取订单的全量数据。

2）增量数据迁移的高可用性和一致性：如果是自己编写迁移的代码，那就参考前面冷热分离和查询分离的迁移逻辑；也可以使用开源工具，这个方案在后面数据同步的场景中会单独展开。

3）短时订单量大爆发：分表分库可以解决数据量大的问题，但是如果瞬时流量非常大，数据库撑不住怎么办？这一问题会在后面的缓存和秒杀架构等场景中专门展开。

至此，数据持久化层的所有场景就介绍完了。之后将进入缓存层场景实战。

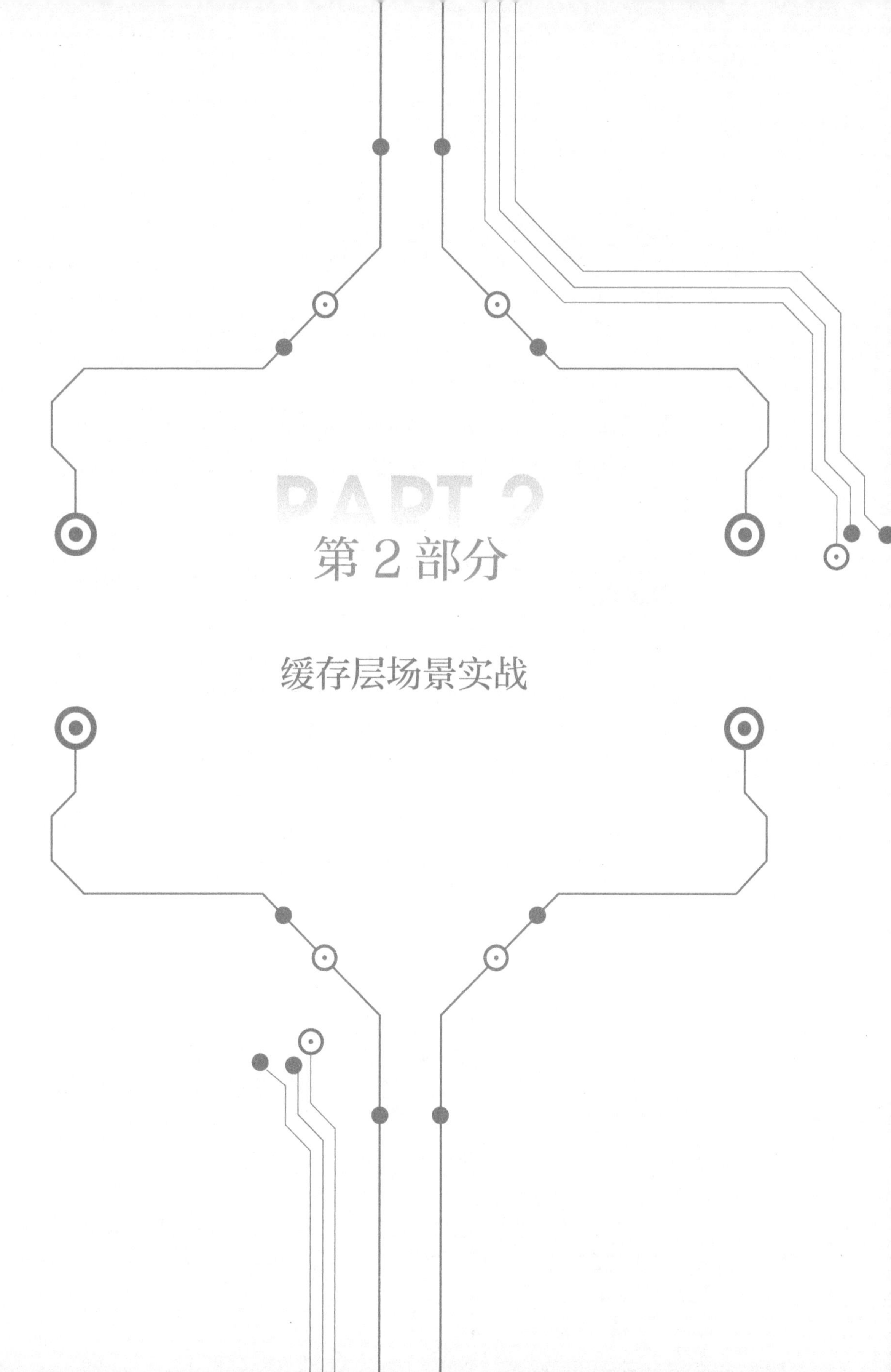

PART 2

第2部分

缓存层场景实战

第4章 读 缓 存

第1部分已经讲解了数据持久化层相关的架构方案，本章开始正式进入第2部分——缓存层场景实战。这一章主要围绕数据库读取操作频繁的问题进行探讨。首先描述一下业务场景。

4.1 业务场景：如何将十几秒的查询请求优化成毫秒级

这次项目针对的系统是一个电商系统。每个电商系统都有个商品详情页。一开始这个页面很简单，只包括商品的图片、介绍、规格、评价等。

刚开始，这个页面打开很快，系统运行平稳可靠。

后来，页面中加了商品推荐，即在商品详情页后面显示一些推荐商品的列表。

再后来，页面中加入了最近成交情况，即显示一下某人在什么时候下单了。

接着，页面中又加入了优惠活动，即显示这个商品都可以参加哪些优惠活动。

……

当时这个系统里面有5万多条商品数据，数据量并不大，但是每次用户浏览商品详情页时都需要几十条SQL语句，经常出现十几秒才能打开详情页的情况。

这样的用户体验当然不好。公司有个第三方监控工具，从国内各地监控系统几个关键路径的性能。其中一个关键路径是从首页到搜索再到商品详情页的时长，这个平均时长从刚开始的3.61秒逐渐变成后来的15.53秒，监控工具成为“摆设”，实际不再使用。

之前也有人提过商品详情页需要优化，不过另一个人说，打开App进入首页前广告都要播放10秒，用户还在乎这个商品详情页打开慢吗？当然，没有马上优化的原因，是后面不断有其他业务需求。

后来这个优化项目提上了日程，项目组开始考虑要怎么优化。重构数据库基本不可能，最好不要改动表结构。大家想到的方案也很通用，就是把大部分商品的详情数据缓存起来，少部分的数据通过异步加载。比如，最近的成交数据通过异步加载，即用户打开商品详情页以后，再在后台加载最近的成交数据，并显示给用户。不过这一章主要讲缓存，所以异步加载的方案就不在此展开了。

关于缓存，最简单的实现方法就是使用本地缓存，即把商品详情数据放在JVM里面。在Google Guava中有一个内存缓存模块，它把所有商品的ID与商品详情信息一对一缓存至JVM内存中，用户获取商品详情数据时，系统会根据商品ID直接从缓存中读取数据，能大大提升用户页面的访问速度。

不过，通过简单换算后发现这个方法明显不合理。先来举个例子。

一条商品数据中往往包含品牌、分类、参数、规格、服务、描述等字段，仅存储这些商品数据就要占用500KB左右的内存，再将这些数据缓存到本地的话，就要占用500KB × 50000 ≈ 25GB内存。此时，假设商品服务有30个服务器节点，仅缓存商品数据就需要额外准备750GB的内存空间，这种方法显然不可取。

为此，项目组决定使用另外一个解决办法——分布式缓存，先将所有的缓存数据集中存储在同一个地方，而非重复保存到各个服务器节点中，然后所有的服务器节点都从这个地方读取数据，如图4-1所示。

● 图4-1　分布式缓存示意图

那么这个统一存储缓存数据的地方需要使用什么技术呢？这就涉及接下来要讲的缓存中间件技术选型问题了。

4.2 缓存中间件技术选型（Memcached，MongoDB，Redis）

先将目前比较流行的缓存中间件Memcached、MongoDB、Redis进行简单对比，见表4-1。

表 4-1　缓存中间件对比

对比项	Memcached	MongoDB	Redis
数据结构	简单 Key-Value	非常全面，文档性数据库	String、List、Set、Hash、Bitmap 等
持久化	不支持	支持	支持
集群	客户端自己控制	支持	支持
性能	强	中等	强

使用 MongoDB 的公司最少，因为它只是一个数据库，由于它的读写速度与其他数据库相比更快，人们才把它当作类似缓存的存储。

所以接下来就是比较 Redis 和 Memcached，并从中做出选择。

目前，Redis 比 Memcached 更流行，这里总结一下原因，共 3 点。

（1）数据结构

举个例子，在使用 Memcached 保存 List 缓存对象的过程中，如果往 List 中增加一条数据，则首先需要读取整个 List，再反序列化塞入数据，接着再序列化存储回 Memcached。而对于 Redis 而言，这仅仅是一个 Redis 请求，它会直接帮助塞入数据并存储，简单快捷。

（2）持久化

对于 Memcached 来说，一旦系统宕机数据就会丢失。因为 Memcached 的设计初衷就是一个纯内存缓存。

通过 Memcached 的官方文档得知，1.5.18 版本以后的 Memcached 支持 Restartable Cache（可重启缓存），其实现原理是重启时 CLI 先发信号给守护进程，然后守护进程将内存持久化至一个文件中，系统重启时再从那个文件中恢复数据。不过，这个设计仅在正常重启情况下使用，意外情况还是不处理。

而 Redis 是有持久化功能的。

（3）集群

这点尤为重要。Memcached 的集群设计非常简单，客户端根据 Hash 值直接判断存取的 Memcached 节点。而 Redis 的集群因在高可用、主从、冗余、Failover 等方面都有所考虑，所以集群设计相对复杂些，属于较常规的分布式高可用架构。

因此，经过一番慎重的思考，项目组最终决定使用 Redis 作为缓存的中间件。

技术选型完成后，开始考虑缓存的一些具体问题，先从缓存何时存储数据入手。

4.3 缓存何时存储数据

使用缓存的逻辑如下。

1）先尝试从缓存中读取数据。

2）若缓存中没有数据或者数据过期，再从数据库中读取数据保存到缓存中。

3）最终把缓存数据返回给调用方。

这种逻辑唯一麻烦的地方是，当用户发来大量的并发请求时，它们会发现缓存中没有数据，那么所有请求会同时挤在第2）步，此时如果这些请求全部从数据库读取数据，就会让数据库崩溃。

数据库的崩溃可以分为3种情况。

1）单一数据过期或者不存在，这种情况称为缓存击穿。

解决方案：第一个线程如果发现Key不存在，就先给Key加锁，再从数据库读取数据保存到缓存中，最后释放锁。如果其他线程正在读取同一个Key值，那么必须等到锁释放后才行。关于锁的问题前面已经讲过，此处不再赘述。

2）数据大面积过期或者Redis宕机，这种情况称为缓存雪崩。

解决方案：设置缓存的过期时间为随机分布或设置永不过期即可。

3）一个恶意请求获取的Key不在数据库中，这种情况称为缓存穿透。

比如正常的商品ID是从100000到1000000（10万到100万之间的数值），那么恶意请求就可能会故意请求2000000以上的数据。这种情况如果不做处理，恶意请求每次进来时，肯定会发现缓存中没有值，那么每次都会查询数据库，虽然最终也没在数据库中找到商品，但是无疑给数据库增加了负担。这里给出两种解决办法。

① 在业务逻辑中直接校验，在数据库不被访问的前提下过滤掉不存在的Key。

② 针对恶意请求的Key存放一个空值在缓存中，防止恶意请求骚扰数据库。

最后说一下缓存预热。

上面这些逻辑都是在确保查询数据的请求已经过来后如何适当地处理，如果缓存数据找不到，再去数据库查询，最终是要占用服务器额外资源的。那么最理想的就是在用户请求过来之前把数据都缓存到 Redis 中。这就是缓存预热。

其具体做法就是在深夜无人访问或访问量小的时候，将预热的数据保存到缓存中，这样流量大的时候，用户查询就无须再从数据库读取数据了，将大大减小数据读取压力。

关于缓存何时存数据的问题就讨论完了，接下来开始讨论更新缓存的问题，这部分内容因涉及双写（缓存+数据库），所以会花费一些篇幅。

4.4 如何更新缓存

更新缓存的步骤特别简单，共两步：更新数据库和更新缓存。但这简单的两步中需要考虑很多问题。

1）先更新数据库还是先更新缓存？更新缓存时先删除还是直接更新？

2）假设第一步成功了，第二步失败了怎么办？

3）假设两个线程同时更新同一个数据，A 线程先完成第一步，B 线程先完成第二步怎么办？

其中，第 1 个问题就存在 5 种组合方案，下面逐一进行介绍（以上 3 个问题因为紧密关联，无法单独考虑，下面就一起说明）。

4.4.1 组合 1：先更新缓存，再更新数据库

对于这个组合，会遇到这种情况：假设第二步更新数据库失败了，要求回滚缓存的更新，这时该怎么办呢？Redis 不支持事务回滚，除非采用手工回滚的方式，先保存原有数据，然后再将缓存更新回原来的数据，这种解决方案有些缺陷。

这里简单举个例子。

1）原来缓存中的值是 a，两个线程同时更新库存。

2）线程 A 将缓存中的值更新成 b，且保存了原来的值 a，然后更新数据库。

3）线程 B 将缓存中的值更新成 c，且保存了原来的值 b，然后更新数据库。

4）线程 A 更新数据库时失败了，它必须回滚，那现在缓存中的值更新成什么呢？理论上应该更新成 c，因为数据库中的值是 c，但是，线程 A 里面无从获得 c 这个值。

如果在线程 A 更新缓存与数据库的整个过程中，先把缓存及数据库都锁上，

确保别的线程不能更新，是否可行？当然是可行的。但是其他线程能不能读取？

假设线程A更新数据库失败回滚缓存时，线程C也加入进来，它需要先读取缓存中的值，这时又返回什么值？

看到这个场景，是不是有点儿熟悉？不错，这就是典型的事务隔离级别场景。所以就不推荐这个组合，因为此处只是需要使用一下缓存，而这个组合就要考虑事务隔离级别的一些逻辑，成本太大。接着考虑别的组合。

4.4.2 组合2：先删除缓存，再更新数据库

使用这种方案，即使更新数据库失败了也不需要回滚缓存。这种做法虽然巧妙规避了失败回滚的问题，却引出了两个更大的问题。

1）假设线程A先删除缓存，再更新数据库。在线程A完成更新数据库之前，后执行的线程B反而超前完成了操作，读取Key发现没有数据后，将数据库中的旧值存放到了缓存中。线程A在线程B都完成后再更新数据库，这样就会出现缓存（旧值）与数据库的值（新值）不一致的问题。

2）为了解决一致性问题，可以让线程A给Key加锁，因为写操作特别耗时，这种处理方法会导致大量的读请求卡在锁中。

以上描述的是典型的高可用和一致性难以两全的问题，如果再加上分区容错就是CAP（一致性Consistency、可用性Availability、分区容错性Partition Tolerance）了，这里不展开讨论，接下来继续讨论另外3种组合。

4.4.3 组合3：先更新数据库，再更新缓存

对于组合3，同样需要考虑两个问题。

1）假设第一步（更新数据库）成功，第二步（更新缓存）失败了怎么办？

因为缓存不是主流程，数据库才是，所以不会因为更新缓存失败而回滚第一步对数据库的更新。此时一般采取的做法是重试机制，但重试机制如果存在延时还是会出现数据库与缓存不一致的情况，不好处理。

2）假设两个线程同时更新同一个数据，线程A先完成了第一步，线程B先完成了第二步怎么办？线程A把值更新成a，线程B把值更新成b，此时数据库中的最新值是b，因为线程A先完成了第一步，后完成第二步，所以缓存中的最新值是a，数据库与缓存的值还是不一致，这个逻辑还是有问题的。

因此，也不建议采用这个组合。

4.4.4 组合 4：先更新数据库，再删除缓存

针对组合 4，先看看它能不能解决组合 3 的第二个问题。

假设两个线程同时更新同一个数据，线程 A 先完成第一步，线程 B 先完成第二步怎么办？

线程 A 把值更新成 a，线程 B 把值更新成 b，此时数据库中的最新值是 b，因为线程 A 先完成了第一步，所以第二步谁先完成已经不重要了，因为都是直接删除缓存数据。这个问题解决了。

那么，它能解决组合 3 的第一个问题吗？假设第一步成功，第二步失败了怎么办？

这种情况的出现概率与组合 3 相比明显低不少，因为删除比更新容易多了。虽然这个组合方案不完美，但出现一致性问题的概率较低。

除了组合 3 会碰到的问题，组合 4 还会碰到别的问题吗？

是的。假设线程 A 要更新数据，先完成第一步更新数据库，在线程 A 删除缓存之前，线程 B 要访问缓存，那么取得的就是旧数据。这是一个小小的缺陷。

那么，以上问题有办法解决吗？

4.4.5 组合 5：先删除缓存，更新数据库，再删除缓存

还有一个方案，就是先删除缓存，再更新数据库，再删除缓存。这个方案其实和先更新数据库，再删除缓存差不多，因为还是会出现类似的问题：假设线程 A 要更新数据库，先删除了缓存，这一瞬间线程 C 要读缓存，先把数据迁移到缓存；然后线程 A 完成了更新数据库的操作，这一瞬间线程 B 也要访问缓存，此时它访问到的就是线程 C 放到缓存里面的旧数据。

不过组合 5 出现类似问题的概率更低，因为要刚好有 3 个线程配合才会出现问题（比先更新数据库，再删除缓存的方案多了一个需要配合的线程）。

但是相比于组合 4，组合 5 规避了第二步删除缓存失败的问题——组合 5 是先删除缓存，再更新数据库，假设它的第三步“再删除缓存”失败了，也没关系，因为缓存已经删除了。

其实没有一个组合是完美的，它们都有读到脏数据（这里指旧数据）的可能性，只不过概率不同。根据以上分析，组合 5 相对来说是比较好的选择。

不过这个组合也有一些问题要考虑，具体如下。

1）删除缓存数据后变相出现缓存击穿，此时该怎么办？此问题在前面已经给出了方案。

2）删除缓存失败如何重试？这个重试可以做得复杂一点，也可以做得简单一点。简单一点就是使用 try…catch…，假设删除缓存失败了，在 catch 里面重试一次即可；复杂一点就是使用一个异步线程不断重试，甚至用到 MQ。不过这里没有必要大动干戈。而且异步重试的延时大，会带来更多的读脏数据的可能性。所以仅仅同步重试一次就可以了。

3）不可避免的脏数据问题。虽然这个问题在组合 5 中出现的概率已经大大降低了，但是还是有的。关于这一点就需要与业务沟通，毕竟这种情况比较少见，可以根据实际业务情况判断是否需要解决这个瑕疵。

Tips

任何一个方案都不是完美的，但如果剩下 1% 的问题需要花好几倍的代价去解决，从技术上来讲得不偿失，这就要求架构师去说服业务方，去平衡技术的成本和收益。

前面花了较长的篇幅来讨论更新缓存的逻辑，接下来详细讨论缓存的高可用设计。

4.5 缓存的高可用设计

关于缓存高可用设计的问题，其实可以单独用一章来讲，但是考虑到 Redis 的用法介绍偏理论，本书主要讲场景，这里就不讲详细的用法了，只讲要点。

设计高可用方案时，需要考虑 5 个要点。

1）负载均衡：是否可以通过加节点的方式来水平分担读请求压力。

2）分片：是否可以通过划分到不同节点的方式来水平分担写压力。

3）数据冗余：一个节点的数据如果失效，其他节点的数据是否可以直接承担失效节点的职责。

4）Failover：任何节点失效后，集群的职责是否可以重新分配以保障集群正常工作。

5）一致性保证：在数据冗余、Failover、分片机制的数据转移过程中，如果某个地方出了问题，能否保证所有的节点数据或节点与数据库之间数据的一致性（依靠 Redis 本身是不行的）。

如果对缓存高可用有需求，可以使用 Redis 的 Cluster 模式，以上 5 个要点它都会涉及。关于 Cluster 的配置方法，可以参考 Redis 官方文档或其他相关教程。

4.6 缓存的监控

缓存上线以后，还需要定时查看其使用情况，再判断业务逻辑是否需要优化，也就是所谓的缓存监控。

在查看缓存使用情况时，一般会监控缓存命中率、内存利用率、慢日志、延迟、客户端连接数等数据。当然，随着问题的深入还可增加其他的指标，这里就不详细说明了。

当时公司采用的是一套自研的管理工具，这套管理工具里包含了监控功能。目前也有很多开源的监控工具，如 RedisLive、Redis - monitor。至于最终使用哪种监控工具，则需要根据实际情况而定。

4.7 小结

以上方案可以顺利解决读数据请求压垮数据库的问题，目前互联网架构也基本是采取这个方案。

分布式缓存系统上线后，商品详情页的大部分数据存到了 Redis 中，并且一些数据的读取改为异步请求，优化效果非常明显：打开详情页基本只需要 1 秒；而后台监控这个详情页的 API（从缓存中取数据的那个 API），平均响应时长变为 10 毫秒以内；监控数据中，从首页到搜索再到详情页的平均时长变成了 4 秒左右，这个改善幅度还是很大的。

IT 部门在当时一次例会中讨论最近的工作亮点，有人问道："咱们要不要提一下这个缓存方案？它对业务的帮助很大。"另一个同事就说："可是缓存这个技术很普通，万一被问到，这个方案有什么创新的地方，我们要怎么回答？"然后大家都沉默了。

但是后来还是把这个方案放到了部门汇报内容里，只写了一句话："利用缓存技术和异步加载技术将商品详情页的平均响应时间从十几秒缩短到 1 秒。"这在会议上并没有引起什么反响，只是后来有一次聚餐时，CEO 也在场，他说过这样的话："其实我们不要老是追求新技术，能帮到业务的技术就是好技术。"CTO就接话说："比如上次你们把商品详情页的打开时间大幅度缩短了，这就是好事，这种好事以后多做。"

接下来说说不足吧。

这个方案主要针对读数据请求量大的情况，或者读数据响应时间很长的情况，而不能应对写数据请求量大的场景。也就是说写请求多时，数据库还是会支撑不住。针对这个问题，下一章会给出对应的解决方案。

第5章 写 缓 存

第4章详细讨论了缓存的架构方案，它可以减少数据库读操作的压力，却也存在着不足，比如写操作并发量大时，这个方案不会奏效。那该怎么办呢？本章就来讨论怎么处理写操作并发量大的场景。

先来看一个具体的业务场景。

5.1 业务场景：如何以最小代价解决短期高频写请求

某公司策划了一场超低价预约大型线上活动，在某天9：00～9：15期间，用户可以前往详情页半价预约抢购一款热门商品。根据市场部门的策划方案，这次活动的运营目标是几十万左右的预约量。

为避免活动上线后出现问题，比如数据库被压垮、后台服务器支撑不住（这个倒是小问题，加几台服务器即可）等，项目组必须提前做好预案。这场活动中，领导要求在架构上不要做太大调整，毕竟是一个临时的活动。简单地说就是工期不能太长，修改影响范围不要太大。

项目组分析了一下可能的情况，其他都没问题，唯一没把握的就是数据库。

项目组通过如下逻辑做了一次简单的测算。

假设目标是15分钟完成100万的预约数据插入，并且不是在15分钟内平均插入的。按照以往的经验，有可能在1分钟内就完成90%的预约，也有可能在5分钟内完成80%的预约，这些难以预计。但是峰值流量预估值只能取高，不能取低。所以设计的目标是：用户1分钟内就完成90%的预约量，即90万预约。那么推算出目标的TPS（吞吐量）就是9万/60=1.5万。

原来预约就是个简单的功能，并没有做高并发设计。对它做了一次压力测试，结果最大的TPS是2200左右，与需求值差距较大。

项目组想过分表分库这个方案，不过代码改动的代价太大了，性价比不高。

毕竟这次仅仅是临时性市场活动，而且活动运营目标是几十万的预约量，这点数据量采取分表分库的话，未免有些得不偿失。

项目最终采用的方案是不让预约的请求直接插入数据库，而是先存放到性能很高的缓冲地带，以此保证洪峰期间先冲击缓冲地带，之后再从缓冲地带异步、匀速地迁移数据到数据库中。

其实这个解决方案就是写缓存，这也是接下来要重点讲解的内容。

5.2 写缓存

什么是写缓存？写缓存的思路是后台服务接收到用户请求时，如果请求校验没问题，数据并不会直接落库，而是先存储在缓存层中，缓存层中写请求达到一定数量时再进行批量落库。这里所说的缓存层实际上指的就是写缓存。它的意义在于利用写缓存比数据库高几个量级的吞吐能力来承受洪峰流量，再匀速迁移数据到数据库。

写缓存架构示意图如图 5-1 所示。

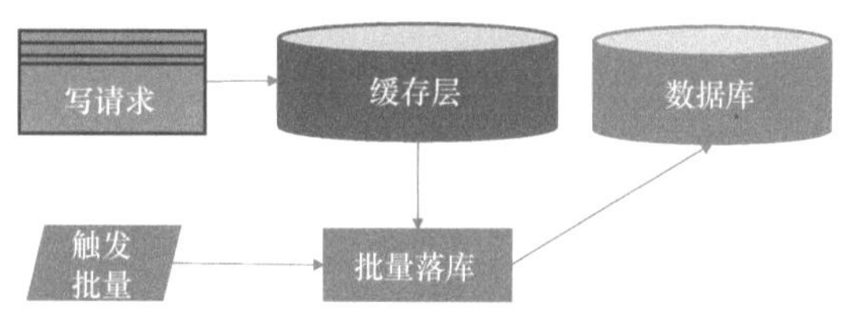

● 图 5-1　写缓存架构示意图

设想的运行场景如下。

假设高峰期 1 秒内有 1.5 万个预约数据的插入请求。这 1.5 万个请求如果直接到数据库，那么数据库肯定崩溃。所以把这 1.5 万个请求落到并发写性能很高的缓存层，然后以 2000 为单位从缓存层批量落到数据库。数据库如果用批量插入语句，TPS 也是可以非常高的，可能达到上万，这样不仅能防止数据库崩溃，还能确保用户的请求得到满足。

从以上设计方案中不难看出，写缓存可以用来大幅降低数据库写操作的频率，从而减少数据库的压力。

接下来说说实现思路。

5.3 实现思路

图5-1看起来很简单，但该方案在具体实施过程中要考虑6个问题。

1）写请求与批量落库这两个操作同步还是异步？

2）如何触发批量落库？

3）缓冲数据存储在哪里？

4）缓存层并发操作需要注意什么？

5）批量落库失败了怎么办？

6）Redis的高可用配置。

下面一一介绍。

5.3.1 写请求与批量落库这两个操作同步还是异步

在回答这个问题前，先来对比一下同步与异步。

对于同步，写请求提交数据后，当前写操作的线程会等到批量落库完成后才开始启动。这种设计的优点是用户预约成功后，可在“我的预约”页面立即看到预约数据；缺点是用户提交预约后，还需要等待一段时间才能返回结果，且这个时间不定，有可能需要等待一个完整的时间窗。

对于异步，写请求提交数据后，会直接提示用户提交成功。这种设计的优点是用户能快速知道提交结果；缺点是用户提交完成后，如果查看“我的预约”页面，可能会出现没有数据的情况。

那到底应该使用哪种设计模式呢？下面再介绍下这两种设计模式的复杂度。

同步的实现原理是写请求提交数据时，写请求的线程被堵塞或者等待，待批量落库完成后再发送信号给写请求的线程，这个线程获得落库完成的信号后，返回预约成功提示给用户。

不过，这个过程会引出一系列的问题，比如：

1）用户到底需要等待多久？用户不可能无限期等待下去，此时还需要设置一个时间窗，比如每隔100毫秒批量落库一次。

2）如果批量落库超时了怎么办？写请求不可能无限期等待，此时就需要给写请求线程的堵塞设置一个超时时间。

3）如果批量落库失败了怎么办？是否需要重试？多久重试一次？

4）如果写请求一直堵塞，直到重试成功再返回吗？那需要重试几次？这些逻辑其实与Spring Cloud组件、Hystrix请求合并功能（Hystrix 2018年已经停止更新）等类似。

如果使用异步的话，上面的第2）点、第4）点基本不用考虑，从复杂度的角度来看，异步比同步简单很多，因此项目直接选用异步的方式，预约数据保存到缓存层即可返回结果。

关于异步的用户体验设计，共有两种设计方案可供业务方选择。

1）在“我的预约”页面给用户一个提示：您的预约订单可能会有一定延迟。

2）用户预约成功后，直接进入预约完成详情页，此页面会定时发送请求去查询后台批量落库的状态，如果落库成功，则弹出成功提示，并跳转至下一个页面。

其实，第一种方案在实际应用中也经常遇到，不过项目中主要还是使用第二种方案。因为在第二种方案中，大部分情况下用户是感受不到延迟的，用户体验比较好，而如果选择第一种方案，用户还要去思考：这个延迟是什么意思？是不是失败了？这无形中就影响了用户体验。

接下来讨论第二个问题。

5.3.2 如何触发批量落库

关于批量落库触发逻辑，目前共分为两种。

1）写请求满足特定次数后就落库一次，比如10个请求落库一次。

按照次数批量落库的优点是访问数据库的次数变为1/N，从数据库压力上来说会小很多。不过它也存在不足：如果访问数据库的次数未凑齐N次，用户的预约就一直无法落库。

2）每隔一个时间窗口落库一次，比如每隔一秒落库一次。

按照时间窗口落库的优点是能保证用户等待的时间不会太久，其缺点是如果某个瞬间流量太大，在那个时间窗口落库的数据就会很多，多到在一次数据库访问中无法完成所有数据的插入操作（比如一秒内堆积了5000条数据），它们只能通过分批次来实现插入，这不就变回第一种逻辑了吗？

那到底哪种触发方式好呢？当时项目采用的方案是同时使用这两种方式。具体实现逻辑如下。

1）每收集一次写请求，就插入预约数据到缓存中，再判断缓存中预约的总数是否达到一定数量，达到后直接触发批量落库。

2）开一个定时器，每隔一秒触发一次批量落库。

架构示意图如图 5-2 所示。

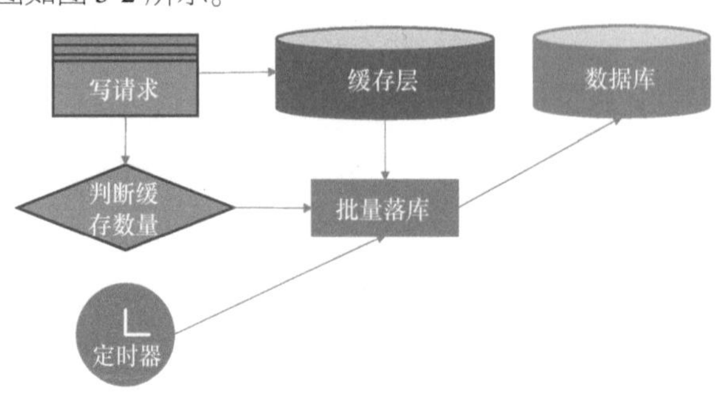

● 图 5-2　触发批量落库方案示意图

通过以上操作，既避免了触发方案一数量不足、无法落库的情况，也避免了方案二因为瞬时流量大而使待插入数据堆积太多的情况。

5.3.3　缓存数据存储在哪里

缓存数据不仅可以存放在本地内存中，也可以存放在分布式缓存中（比如 Redis），其中最简单的方式是存放在本地内存中。

但是，Hystrix 的请求合并也是存放在本地内存中，为什么不直接使用 Hystrix？这是因为写缓存与 Hystrix 的请求合并有些不一样，请求合并更多考虑的是读请求的情况，不用担心数据丢失，而写请求需要考虑容灾问题：如果服务器宕机，内存数据就会丢失，用户的预约数据也就没有了。

其实也可以考虑使用 MQ 来当缓存层，MQ 的一个主要用途就是削峰，很适合这种场景。不过这个项目选择了 Redis，因为服务本身已经依赖 Redis 了。另外，项目想要使用批量落库的功能，项目组知道如何一次性从 Redis 中取多个数据项，但是还没有试过批量消费 MQ 的消息。

基于 Redis 触发批量落库的方案如图 5-3 所示。

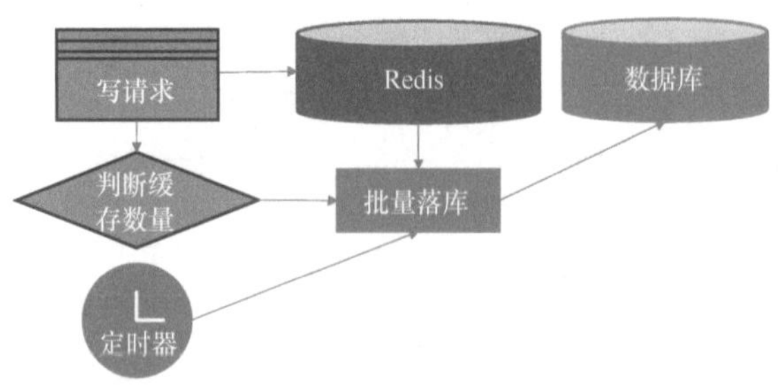

● 图 5-3　基于 Redis 触发批量落库方案示意图

接下来需要考虑批量落库的设计了。批量落库主要是把 Redis 中的预约数据迁移到数据库中。而当新的数据一直增加时，批量落库可能会出现多个线程同时处理的情况，此时就要考虑并发性了。

5.3.4 缓存层并发操作需要注意什么

实际上，缓存层并发操作逻辑与冷热分离迁移冷数据的逻辑很相似，这里讲一些不一样的地方。

先看下 MySQL 官方文档中关于 Concurrent Insert 的描述：

> The MyISAM storage engine supports concurrent inserts to reduce contention between readers and writers for a given table: If a MyISAM table has no holes in the data file (deleted rows in the middle), an INSERT statement can be executed to add rows to the end of the table at the same time that SELECT statements are reading rows from the table.
>
> *If there are multiple INSERT statements, they are queued and performed in sequence, concurrently with the SELECT statements.* The results of a concurrent INSERT may not be visible immediately.

斜体部分的内容即：如果多个 Insert 语句同时执行，它们会根据排队情况按顺序执行，也可以与 Select 语句并发执行。所以多个 Insert 语句并行执行的性能未必会比单线程 Insert 更快。

不过这个项目中并没有花时间去做具体的测试，一是时间紧，二是确实没必要，因为单线程当时是够用的，这个接下来会讲。

这里再结合上面的场景具体说明下缓存层并发操作时需要注意什么。

与冷热分离不一样的地方在于，这次并不需要迁移海量数据，因为每隔一秒或数据量凑满 10 条，数据就会自动迁移一次，所以一次批量插入操作就能轻松解决这个问题，只需要在并发性的设计方案中保证一次仅有一个线程批量落库即可。这个逻辑比较简单，就不赘述了。

5.3.5 批量落库失败了怎么办

在考虑落库失败这个问题之前，先来看看批量落库的实现逻辑。

1）当前线程从缓存中获取所有数据。因为每 10 条执行一次落库操作，不需要担心缓存中的数据量过多，所以也不用考虑将获得的数据分批操作了。

2）当前线程批量保存数据到数据库。

3）当前线程从缓存中删除对应数据（注意：不能直接清空缓存的数据，因为新的预约数据可能插入到缓存中了）。

以上各个步骤失败时的应对措施见表5-1。

表5-1　批量落库失败的应对措施

可能失败的步骤	处理方案
从缓存中获取所有数据	如果数据未修改，无须回滚，下次触发的落库线程会自动把前面未处理的数据进行处理
批量保存数据到数据库	用事务包裹，如果失败就回滚，下次直接从第1）步开始
从缓存中删除对应数据	即使失败也不用回滚到前面的步骤，但会出现有些数据插入数据库后还在缓存中，下次线程重复将这些数据插入到数据库的情况，所以需要确保数据库保存支持幂等（方法是使用手机号作为唯一索引，这样就会自动忽略重复插入）

现在已经知道了批量落库失败的解决办法，接下来就是研究如何确保数据不丢失。

5.3.6　Redis的高可用配置

这一业务场景是先把用户提交的数据保存到缓存中，因此必须保证缓存中的数据不丢失，这就要求实现Redis的数据备份。

目前，Redis共支持两种备份方式，见表5-2。

表5-2　Redis备份方式

备份方式	描述
快照	Redis满足特定条件时，会将内存中的所有数据保存到硬盘 Redis崩溃恢复后，可通过快照还原数据，但快照最后一次生成的数据会丢失
AOF	AOF类似MySQL的binlog，Redis的每个操作都会记录到AOF文件中，Redis崩溃后可通过AOF恢复数据（比快照恢复慢一些） AOF的fsync操作可以是每秒一次，也可以每个请求都进行，前者会丢失一秒的数据，后者会影响请求性能

另外，Redis还有一个主从功能，这里就不展开了。如果公司已经存在一个统一管理的Redis集群方案，直接复用即可，至少运维有保障。

而如果需要从0开始搭建，最简单的解决方案如下。

1）先使用简单的主从模式。

2）然后在 Slave Redis 里使用快照（30秒一次）+AOF（一秒一次）的配置。

3）如果 Master Redis 宕机了，千万不要直接启动，先把 Slave Redis 升级为 Master Redis。

4）这时代码里已经有预案了，写缓存如果失败直接落库。

不过这个方案有个缺点，即一旦系统宕机，手动恢复时大家就会手忙脚乱，但数据很有保障。

5.4 小结

写到这里，整体方案就基本完成了。

这个项目经过两周左右就上线了，上线之后的某次活动中，后台日志和数据库监控一切正常。活动一共收到几十万的预约量，达到了市场预期的效果。

所以总体来说，这个方案性价比还是比较高的。

接下来再说说不足。写缓存这个解决方案可以缓解写数据请求量太大、压垮数据库的问题，但其不足还是比较明显的。

1）此方案缓解的只是短时（活动期间）数据库压力大的问题，当写数据量长期非常大时，这个方案是解决不了问题的。

2）此方案适合每个写操作都独立的情况，如果写操作之间存在竞争资源，比如商品库存，这个方案就无法覆盖。

在接下来的两章中，会专门讲解这两种情况对应的解决方案。

第6章 数据收集

上一章详细讨论了写缓存的架构解决方案，它虽然可以减少数据库写操作的压力，但也存在一些不足。比如需要长期高频插入数据时，这个方案就无法满足，接下来将围绕这个问题逐步提出解决方案。

6.1 业务背景：日亿万级请求日志收集如何不影响主业务

因业务快速发展，某天某公司的日活用户高达500万，基于当时的业务模式，业务侧要求根据用户的行为做埋点，旨在记录用户在特定页面的所有行为，以便开展数据分析，以及与第三方进行费用结算（费用结算涉及该业务线的商业模式，本章里不展开）。

当然，在数据埋点的过程中，业务侧还要求在后台能实时查询用户行为数据及统计报表。这里的“实时”并不是严格意义上的实时，对于特定时间内的延迟业务方还是能接受的，为确保描述的准确性，可以称之为准实时。

为了方便理解后续方案的设计思路，此处把真实业务场景中的数据结构进行了简化（真实的业务场景数据结构更加复杂）。首先，需收集的原始数据结构见表6-1。

表6-1 需收集的原始数据结构

指　标	备　注
IMEI	用户设备的IMEI
定位点	经纬度
用户ID	用户唯一ID
目标ID	每个页面、按钮、banner都有唯一ID
目标类型	页面、按钮、banner等
事件动作	点击、进入、跳出等

（续）

指　　标	备　　注
FromURL	来源 URL
CurrentURL	当前 URL
TOURL	去向 URL
动作时间	触发这个动作的时间
进入时间	进入该页面的时间
跳出时间	跳出该页面的时间
⋮	⋮

通过以上数据结构，在后台查询原始数据时，业务侧不仅可以将城市（根据经纬度换算）、性别（需要从业务表中抽取）、年龄（需要从业务表中抽取）、目标类型、目标 ID、事件动作等作为查询条件来实时查看用户行为数据，还可以从时间（天/周/月/年）、性别、年龄等维度实时查看每个目标 ID 的总点击数、平均点击次数、每个页面的转化率等作为统计报表数据（当然，关于统计的需求还很多，这里只是列举了一小部分）。

为了实现费用结算这个需求，需要收集的数据结构见表 6-2（再次强调，该数据结构只是示例，并非真实的业务场景数据）。

表 6-2　费用结算数据结构

字　　段	备　　注
日期	结算的日期
目标 ID	原始数据中的目标 ID，比如页面 ID、按钮 ID、banner ID
点击人数	有多少人点击了目标（同一人点多次算一次）
点击人次	有多少人次点击（同一人点多次算多次）
费用	此目标 ID 当天的收费总计

接下来探讨一下技术选型的相关思路。

6.2 技术选型思路

根据以上业务场景，项目组提炼出了 6 点业务需求，并针对业务需求梳理了技术选型相关思路。

1）原始数据海量：对于这一点，初步考虑使用 HBase 进行持久化。

2）对于埋点记录的请求响应要快：埋点记录服务会把原始埋点记录存放在一个缓存层，以此保证响应快速。关于这一点有多个缓存方案，稍后展开讨论。

3）可通过后台查询原始数据：如果直接使用 HBase 作为查询引擎，查询速度太慢，所以还需要使用 Elasticsearch 来保存查询页面上作为查询条件的字段和活动 ID。

4）各种统计报表的需求：数据可视化工具也有很多选择，比如 Kibana、Grafana 等，考虑到使用过程的灵活性，最终选择自己设计功能。

5）能根据埋点日志生成费用结算数据：将费用结算数据保存在 MySQL 中。

6）需要一个框架将缓存中的数据进行处理，并保存到 Elasticsearch、HBase 和 MySQL 中：因为业务有准实时查询的需求，所以需要使用实时处理工具。目前流行的实时处理工具主要为 Storm、Spark Streaming、Apache Flink 这 3 种，稍后也会展开说明。

初步架构图如图 6-1 所示。

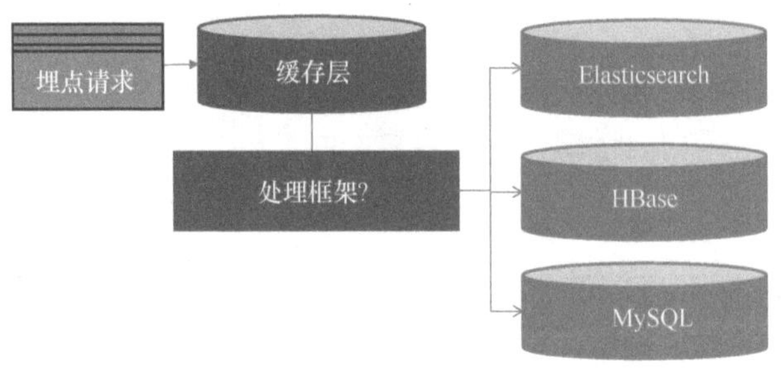

● 图 6-1　数据收集初步架构图

仔细观察这张架构图，会发现图上还有两个地方打了问号，这是为什么？这就涉及接下来需要讨论的 4 个问题了。

6.2.1　使用什么技术保存埋点数据的第一现场

目前关于快速保存埋点数据的技术主要分为 Redis、Kafka、本地日志这 3 种，针对这里的业务场景，项目组最终选择了本地日志。

那么，为什么不使用 Redis 或 Kafka 呢？先来说说 Redis 的 AOF 机制，这在写缓存那一章也有讲过。

Redis 的 AOF 机制会持久化保存 Redis 所有的操作记录，用于服务器宕机后的数据还原。那 Redis 什么时候将 AOF 落盘呢?

在 Redis 中存在一个 AOF 配置项 appendfsync，如果 appendfsync 配置为 everysec，则 AOF 每秒落盘一次，不过这种配置方式有可能会丢失一秒的数据；如果 appendfsync 配置成 always，每次操作请求的记录都是落盘后再返回成功信息给客户端，不过使用这种配置方式系统运行会很慢。因为对埋点记录的请求要求响应快，所们该项目没有选择 Redis。

接下来讨论一下 Kafka 的技术方案。

Kafka 的冗余设计是每个分区都有多个副本，其中一个副本是 Leader，其他副本都是 Follower，Leader 主要负责处理所有的读写请求，并同步数据给其他 Follower。

那么 Kafka 什么时候将数据从 Leader 同步给 Follower? Kafka 的 Producer 配置中也有 acks 配置项，其值有 3 种。

1） acks =0：不等 Leader 将数据落到日志，Kafka 直接返回完成信号给客户端。这种方式虽然响应快，但数据持久化没有保障，数据如果没有落到本地日志，系统就会出现宕机，导致数据丢失。

2） acks =1：等 Leader 将数据落到本地日志，但是不等 Follower 同步数据，Kafka 就直接返回完成信号给客户端。

3） acks = all：等 Leader 将数据落到日志，且等 min. insync. replicas 个 Follower 都同步数据后，Kafka 再返回完成信号给客户端。这种配置方式下虽然数据有保证，但响应慢。

通过以上分析可以发现，使用 Redis 与 Kafka 都会出现问题。

如果想保证数据的可靠性，必然需要牺牲系统性能，那有没有一个方案可以性能和可靠性兼得呢？有。项目组最终决定把埋点数据保存到本地日志中。

6.2.2 使用什么技术收集日志数据到持久化层

关于这个问题，最简单的方式是通过 Logstash 直接把日志文件中的数据迁移到 Elasticsearch，但会有一个问题：业务侧要求存放 Elasticsearch 中的记录（包含城市、性别、年龄等原始数据，这些字段需要调用业务系统的数据进行抽取），而这些原始数据日志文件中并没有，所以中间需要调用业务系统来获取一些数据跟日志文件的数据合起来加工。基于这个原因，项目组并没有选择直接从 Logstash 到 Elasticsearch。

如果坚持通过 Logstash 把日志文件的数据迁移到 Elasticsearch，这里分享 3 种实现方式。

1）自定义 filter：先在 Logstash 自定义的 Filter（过滤器）里封装业务数据，再保存到 Elasticsearch。因为 Logstash 自定义的 Filter 是使用 Ruby 语言编写的，也就是说需要使用其他语言编写业务逻辑，所以此次项目中 Logstash 自定义 Filter 的方案被排除了。

2）修改客户端的埋点逻辑：每次记录埋点的数据发送到服务端之前，先在客户端将业务的相关字段提取出来再上传到服务端。这个方法也直接被业务端否决了，理由是后期业务侧每更新一次后台查询条件，就需要重新发一次版，实在太麻烦了。

3）修改埋点服务端的逻辑：每次服务端在记录埋点的数据发送到日志文件之前，先从数据库获取业务字段组合埋点记录。这个方法也被服务端否决了，因为这种操作会直接影响每个请求的效率，间接影响用户体验。

另外，没有选择用 Logstash 直接保存到持久化层还有两点原因。

1）日志文件中的数据需要同时到 Elasticsearch 和 HBase 两个输出源，因 Logstash 的多输出源基于同一个 Pipeline（管道），如果一个输出源出错了，另一个输出源也会出错，即两者之间会互相影响。

2）MySQL 中需要生成费用结算数据，而费用结算数据需要通过分析埋点的数据来动态计算，显然 Logstash 并不适用于这样的业务场景。

在此处的业务场景中，项目组最终决定引入一个计算框架，此时整个解决方案的架构如图 6-2 所示。

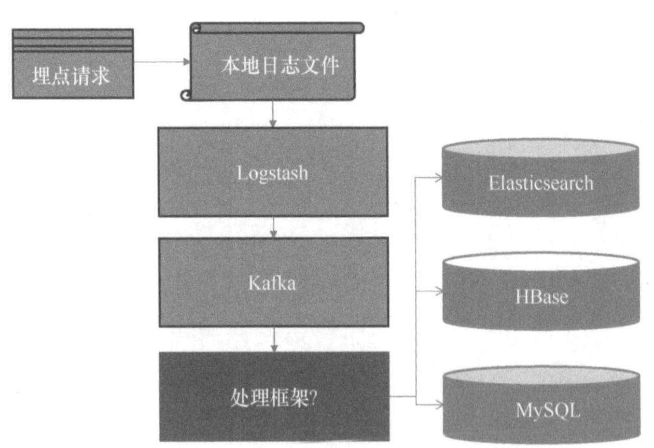

● 图 6-2　基于 Logstash 的数据收集架构

这个方案就是先通过 Logstash 把日志文件迁移到 MQ 中，再通过实时计算框架处理 MQ 中的数据，最后保存处理转换得到的数据到持久层中。

实际上，引入实时计算框架是为了在原始的埋点数据中填充业务数据，并统计埋点数据生成费用结算数据，最后分别保存到持久层中。

最后，关于 Logstash 还需要强调几点。

Logstash 系统是通过 Ruby 语言编写的，资源消耗大，所以官方又推出了一个轻量化的 Filebeat。系统可以使用 Filebeat 收集数据，再通过 Logstash 进行数据过滤。如果不想使用 Logstash 的强大过滤功能，可以直接使用 Filebeat 来收集日志数据发送给 Kafka。

但问题又来了，Filebeat 是使用轮询方式采集文件变动信息的，存在一定延时（有时候很大），不像 Logstash 那样可直接监听文件变动，所以该项目最终选择继续使用 Logstash（资源消耗在可接受范围内）。

接下来分别讨论 Kafka 和分布式实时计算框架。

6.2.3 为什么使用 Kafka

Kafka 是 LinkedIn 推出的开源消息中间件，它天生是为收集日志而设计的，而且具备超高的吞吐量和数据量扩展性，被称作无限堆积。

根据 LinkedIn 的官方介绍，他们使用 3 台便宜的机器部署 Kafka，就能每秒写入两百万条记录，如图 6-3 所示。

Benchmarking Apache Kafka: 2 Million Writes Per
Second (On Three Cheap Machines)

● 图 6-3 官方介绍

为什么它的吞吐量这么高？这里介绍一下 Kafka 的存储结构。先看一张官方文档给出的示意图，如图 6-4 所示。

Kafka 的存储结构中每个 Topic 分区相当于一个巨型文件，而每个巨型文件又是由多个 Segment 小文件组成的。其中，Producer 负责对该巨型文件进行“顺序写”，Consumer 负责对该文件进行“顺序读”。

这里可以把 Kafka 的存储架构简单理解为，Kafka 写数据时通过追加数据到文件末尾来实现顺序写，读取数据时直接从文件中读，这样做的好处是读操作不会阻塞写操作，这也是其吞吐量大的原因。

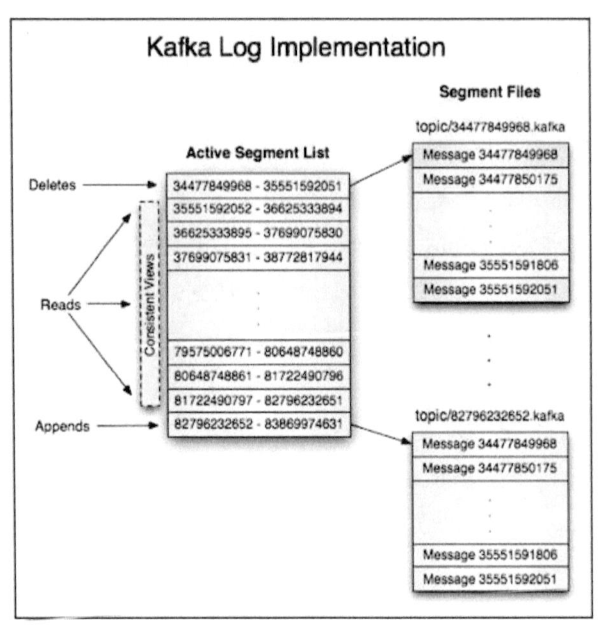

● 图 6-4　Kafka 的存储结构

另外，理论上只要磁盘空间足够，Kafka 就可以实现消息无限堆积，因此它特别适合处理日志收集这种场景。

6.2.4　使用什么技术把 Kafka 的数据迁移到持久化层

为了把 Kafka 的数据迁移到持久层，需要使用一个分布式实时计算框架，原因有两点。

1）数据量特别大，为此需要使用一个处理框架来将上亿的埋点数据每天进行快速分析和处理（且必须使用多个节点并发处理才来得及），再存放到 Elasticsearch、HBase 和 MySQL 中，即大数据计算，因此它有分布式计算的诉求。

2）业务要求实时查询统计报表数据，因此需要一个实时计算框架来处理埋点数据。

目前流行的分布式实时计算框架有 3 种：Storm、Spark Stream、Apache Flink。那么使用哪个更好呢?

这 3 种都可以选用，就看公司的具体情况了。比如公司已经使用了实时计算框架，就不再需要考虑这个问题；如果公司还没有使用，那就看个人喜好了。

笔者更喜欢用 Apache Flink，不仅因为它性能强（阿里采用这项技术后，活动期间一秒内能够处理17亿条数据），还因为它的容错机制能保证每条数据仅仅处理一次，而且它有时间窗口处理功能。

关于流处理的容错机制、时间窗口这两个概念，具体展开说明一下。

在流处理这个过程中，往往会引发一系列的问题，比如一条消息的处理过程中，如果系统出现故障该怎么办？会重试吗？如果重试会不会出现重复处理？如果不重试，消息是否会丢失？能保证每条消息最多或最少处理几次？

在不同流处理框架中采取不同的容错机制，能够保证不一样的一致性。

1）At-Most-Once：至多一次，表示一条消息不管后续处理成功与否只会被消费处理一次，存在数据丢失的可能。

2）Exactly-Once：精确一次，表示一条消息从其消费到后续的处理成功只会发生一次。

3）At-Least-Once：至少一次，表示一条消息从消费到后续的处理成功可能会发生多次，存在重复消费的可能。

以上3种方式中，Exactly-Once无疑是最优的选择，因为在正常的业务场景中，一般只要求消息处理一次，而Apache Flink的容错机制就可以保证所有消息只处理一次（Exactly-Once）的一致性，还能保证系统的安全性，所以很多人最终都会使用它。

接下来说说Apache Flink的时间窗口计算功能。以下是Apache Flink的一个代码示例，它把每个小时里发生事件的用户聚合在一个列表中。

```
Final StreamExecutionEnvironmentenv = StreamExecutionEnvironment.getExecutionEnvironment();
env.setStreamTimeCharacteristic(TimeCharacteristic.ProcessingTime);
//alternatively:
//env.setStreamTimeCharacteristic(TimeCharacteristic.IngestionTime);
//env.setStreamTimeCharacteristic(TimeCharacteristic.EventTime);
DataStream < MyEvent >  stream = env. addSource (newFlinkKafkaConsumer09 < MyEvent > (topic,schema,props));
stream
.keyBy((event) - > event.getUser())
.timeWindow(Time.hours(1))
.reduce((a,b) - > a.add(b))
.addSink(...)
```

日志中事件发生的时间有可能与计算框架处理消息的时间不一致。

假定实时计算框架收到消息的时间是2秒后，有一条消息中的事件发生时间是6：30，因接收到消息后处理的时间延后了2秒，即变成了6：32，所以当计算6：01～6：30的数据和时，这条消息并不会计算在内，这就不符合实际的业务需求了。

Tips

在实际业务场景中，如果需要按照时间窗口统计数据，往往是根据消息的事件时间来计算。Apache Flink 的特性恰恰是使用了基于消息的事件时间，而不是基于计算框架的处理时间，这也是它的另一个撒手锏。

6.3 整体方案

此时整个架构设计方案如图 6-5 所示。

这个架构的流程如下。

1）后台服务端会记录所有的请求数据，存放到本地的日志文件。

2）使用数据收集框架 Logstash，从日志文件抽取原始的日志数据，不加工直接存放到 Kafka 当中。

3）通过 Apache Flink 从 Kafka 中拉取原始的日志数据，并且经过业务加工，分别存放到 Elasticsearch、HBase 和 MySQL 中。

4）Elasticsearch 用来处理用户针对请求日志的查询请求，它将查询关键字段的值和请求 ID 存放到索引中，跟进查询关键字获得结果 ID 的列表，再通过结果 ID 去 HBase 中获取详细的请求数据。

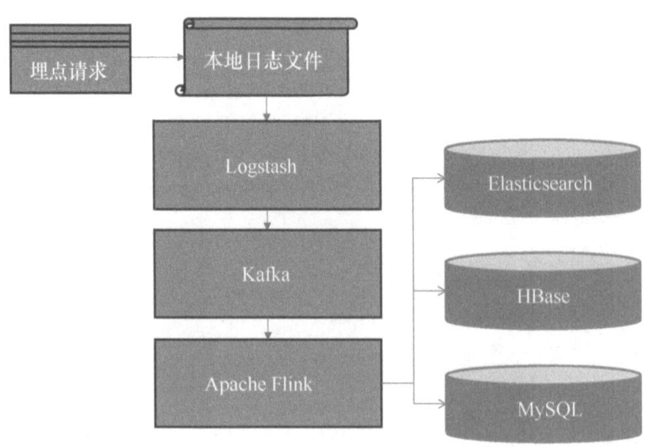

● 图 6-5 数据收集整体方案

5）MySQL 存放一些组合加工后的数据，用来做结算，结算的数据查询和处理请求量不大。

6.4 小结

本章并没有讲解特别深入的架构设计方面的注意事项，而是主要阐述技术选型背后的思考过程，希望对架构思维的提升有所帮助。前面几章已有类似的场景，所以本章没有详细讲解技术应用背后的场景。学架构的过程就是经历一些基础的场景，而那些复杂的场景其实是简单场景的叠加复用。因此，之后对于比较简单或前面已经讲过的场景仅会简单介绍，以留出更多的篇幅来讲解其他重要知识。这样做可能会让后面的内容有些枯燥，但相信看到这里的读者已经可以带着对场景的理解和思考去吸收相关的知识了。

回到这个架构本身。方案落地以后，丢数据的情况并不多，而且其架构的扩展性也很好，之后日活达到了几千万，系统仍然可以使用，当然，还是要多加机器，并且定时清理一些旧的原始数据。

写缓存介绍过，写缓存不能解决两个问题，一个就是长期高并发写数据第 5 章，这在本章得到了解决。另外一个就是高并发且这些并发请求需要抢资源的情况，这就是第 7 章涉及的内容了。

接下来开始讲解秒杀架构。秒杀架构是一个综合性非常强的问题，并且在面试时经常被问到，所以是很重要的场景。

第7章 秒杀架构

在讲解新场景之前，先来回顾一下前面几个场景的内容。

读缓存场景中，项目组先把数据存放在缓存中，每次请求通过缓存读取数据，大大减小了数据库的读请求压力；写缓存场景中，碰到流量洪峰时，先将数据写入缓存中，再逐步迁移数据到数据库，大大减小了数据库的写请求压力；数据收集场景中，利用消息队列可以把缓存中的数据迁移到数据库中。这3个场景中涉及的架构设计思路，本章场景都会用到。

7.1 业务场景：设计秒杀架构必知必会的那些事

先来看一个实际的业务场景。

某一次公司策划了一场秒杀活动，该活动提供了100件特价商品（商品价格非常低），供用户于当年10月10日22点10分0秒开始秒杀。

当时平台已经积累了几千万的用户量，预计数十万的用户对这些特价商品感兴趣。根据经验，特价商品一般会在1~2秒内被一抢而光，剩余时间涌进来的流量用户只能看到秒杀结束界面，因此预测秒杀开启那一瞬间会出现一个流量峰值。

这也是一场临时性的活动，领导要求别加太多服务器，也别花太多时间重构架构，也就是说需要以最小的技术代价来应对这次秒杀活动。

因此，这次秒杀架构的设计目标是以较小的改动来保证秒杀时的流量洪流不会冲垮服务器。

对于秒杀架构设计而言，其难点在于僧多粥少，因此设计秒杀架构时，一般需要遵循商品不能超卖、下单成功的订单数据不能丢失、服务器和数据库不能崩溃、尽量别让机器人抢走商品这4个原则。

那如何做到遵循这4个原则呢？先从整体思路入手吧。

7.2 整体思路

其实秒杀架构的设计方案就是一个不断过滤请求的过程。从系统架构层面来说，秒杀系统的分层设计思路如图 7-1 所示。

在图 7-1 中发现，秒杀系统的架构设计目标是尽量在上层处理用户请求，不让其往下层游动。那具体如何实现呢？

由于整个秒杀系统涉及多个用户操作步骤，所以解决如何将请求拦截在系统上游这个问题时，需要结合实际业务流程，将用户的每个操作步骤考虑在内。

这里通过一张图来描述秒杀系统的具体业务流程，如图 7-2 所示。

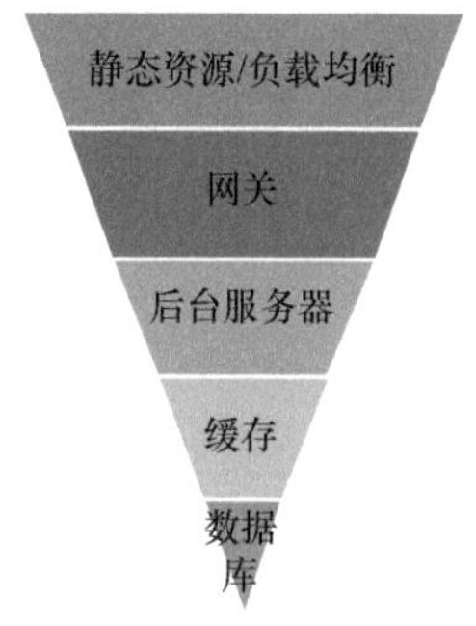

图 7-1　秒杀系统分层思路

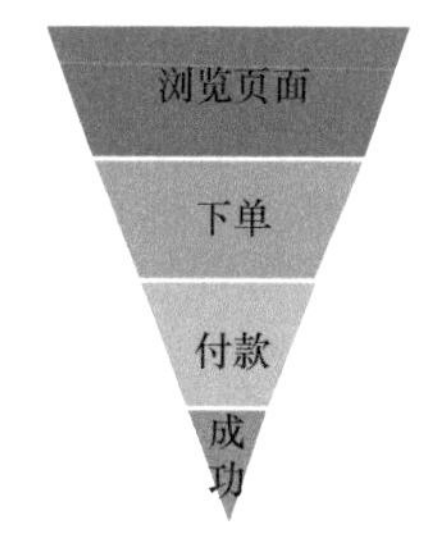

图 7-2　秒杀系统业务流程

接下来就按照秒杀系统的业务流程，来一步步讲解如何将请求拦截在系统上游。

7.2.1 浏览页面如何将请求拦截在上游

在以往的秒杀系统架构经历中，曾出现过这么一种状况：当时把系统的方方面面都考虑到了，但是活动一上线，第三方监控系统就显示异常，检查后发现所有服务器的性能指标都没问题，唯独出口带宽有问题，它被占满了。

结果就是用户参与活动时页面出现严重卡顿，用户抱怨不断。

一朝被蛇咬，十年怕井绳。有了这次惨痛经历，带宽这件事情就被牢牢记在脑子里，所以在之后的项目中，静态资源尽量使用 CDN（内容分发网络），如果涉及 PC 网站，还必须首先进行前后端分离。

说到这里，先简单介绍一下什么是 CDN。

比如，请求访问的地址是 https://static.weimu.xx/1.jpg，这个地址指向自己的服务器，经过改造后，static.weimu.xx 这个域名的解析就会交给 CDN 服务商。

CDN 服务商在全国各地都有服务器，服务器中存放着静态资源的缓存。CDN 收到这个域名后，首先会寻找一台响应最快的服务器，并指向这个服务器的 IP。如果对细节感兴趣，可以查阅其他资料。

因此，使用 CDN 的好处是不用花费自己的服务器资源和带宽，且响应速度快。通过这种方式，可以把静态资源的压力拦截在系统分层的外面。

那如果是动态的请求该怎么办？有以下 3 种实现方式。

1）评论、商品详情、购买数量等相关的请求，一般都是通过 JS（JavaScript）在后台动态调用。在这个场景中，可以把动态的数据与页面进行整合，比如把每个秒杀商品的详情页面变成静态页面，然后再放入 CDN。如果觉得改造太大，也可以把它放在 Redis 缓存中，不过笔者更倾向于 CDN。

2）判断服务器时间并设置开启秒杀的标识。一般页面中都有 JS，它通过访问服务器获取服务器时间，然后根据时间开启秒杀下单的按钮，即判断秒杀开始时，会将下单按钮设置为可用。针对获取服务器时间的这个请求，把它放在静态资源或负载均衡那层即可，这样用户请求就不会进入系统下游。

3）判断秒杀结束。具体做法是将秒杀结束的标识放在 Cookie 中，如果 Cookie 中没有结束标识，请求就会进入后台服务器，后台服务器判断本地内存没有结束标识，就会进入缓存，如果缓存中也没有结束标识，那就说明秒杀没有结束。

总体来说，对于浏览页面的用户行为，需要把用户请求尽量拦截在 CDN、静态资源或负载均衡侧，如果确实做不到，也要拦截在缓存中。

7.2.2 下单页面如何将请求拦截在上游

用户进入下单页面时，主要有两个操作动作：进入下单页面、提交订单。下面讲解如何在这两个环节中将请求拦截在系统上游。

1. 进入下单页面

为了防止别人通过爬虫抓取下单页面信息，从而给服务器增加压力，需要在下单页面做以下两层防护，从而防止恶意请求重复提交。

1）页面 URL 后台动态获取：按照正常的活动设计流程，用户只有在秒杀活动开启后才可进入下单页面，但难免有人在活动开启前直接获取其 URL 并不断刷新，这样恶意请求就到了后台服务器。虽然后台服务器也可以拦截恶意请求，但是这会给它徒增不少压力。此时主要使用一个特别的 URL 进行处理（不把它放在静态页面中，而是通过后台动态获取）。前面介绍了 JS 可以用来判断秒杀开始时间，秒杀时间一到，它便可以通过另一个请求获取这个 URL。

2）用户点击下单页面的购买按钮后，将此按钮设为 Disable（不可用），防止用户不断点击它。

2. 提交订单

秒杀系统架构方案的核心是订单提交，因为这个步骤的逻辑最复杂，而其他步骤仅涉及页面展示的逻辑，针对高并发问题使用缓存或者 CDN 进行处理难度不大。

因此，在订单提交环节，要想尽一切办法在系统各个分层中把一些不必要的请求过滤掉。

（1）网关层面过滤请求

对系统而言，如果可以在网关层面拦截用户请求，那么这个方案的性价比就很高。要是能在这一层过滤 95% 以上的请求，整个系统也将很稳定。

那在网关层面如何实现请求过滤呢？可以做 3 种限制。

1）限定每个用户的访问频率，比如每 5 秒下单一次。

2）限定每个 IP 的访问频率。这种方式是为了避免有人通过机器人自动下单，导致错杀真实用户。

3）把一个时间段内的请求拦截掉一定比例，或者只允许特定数量的请求进入后台服务器。这里可以使用限流的漏桶或令牌桶算法，第 12 章将详细展开。

前两种限制比较简单，在 nginx 上就能快速完成配置，第 3 种限流方式也不复杂，相关的原理在后面的章节会讲。

（2）后台服务器过滤请求

请求进入后台服务器后，目标已经不是如何过滤请求了，而是如何保证特价商品不超卖，以及如何保证特价商品订单数据的准确性。

具体如何实现呢？主要考虑以下 4 点。

1）商品库存放入缓存 Redis 中：如果每个请求都前往数据库查询商品库存，数据库将无法承受，因此需要把商品库存放在缓存中，这样每次用户下单前，就先使用 decr 操作扣减库存，判断返回值。如果 Redis 的库存扣减后小于 0，说明秒杀失败，将库存用 incr 操作恢复；如果 Redis 的库存扣减后不小于 0，说明秒杀成功，开始创建订单。

把库存放入 Redis 时，下单的逻辑都是基于缓存的库存为第一现场。但是如果这时候有别的服务或者代码修改了数据库里面的库存，怎么办？这时的做法就是确保在秒杀期间不做上架或修改库存之类的业务操作，即不通过技术，而是通过业务流程来保证。

2）订单写入缓存中：在第 5 章介绍写缓存时提过一个方案，即订单数据先不放入数据库，而是放到缓存中，然后每隔一段时间（比如 100 毫秒）批量插入一批订单。用户下单后，首先进入一个等待页面，然后这个页面向后台定时轮询订单数据。轮询过程中，后台先在 Redis 中查询订单数据，查不到就说明数据已经落库，再去数据库查询订单数据，查到后直接返回给用户，用户收到消息通知后可以直接进入付款页面支付；在数据库查询订单数据时，查不到说明秒杀失败（理论上不会查不到，如果一直查不到就需要抛出异常并跟踪处理）。

3）订单批量落库：需要定期将订单批量落库，且在订单落库时扣减数据库中的库存。这个做法和第 6 章中的写缓存一样，这里不再重复。

4）Redis 停止工作（挂掉）怎么办：虽然讲了这么多关于后台服务器的逻辑，在秒杀架构里面，最重要的反而是网关层的限流，它挡住了大部分的流量，进入后台服务器的流量并不多。不过仍然要考虑针对 Redis 停止工作的情况，分别处理前面的 3 种状况。

比如读 Redis 中的库存时，如果失败了，那就让它直接去数据库扣减库存，把那些 incr 和 decr 的逻辑放到数据库去；若是把订单写入缓存的时候失败了，那就直接将订单数据写入数据库中，然后就不需要处理后面批量落库的逻辑了。

以上就是订单提交操作的架构设计，不难看出它主要是在网关层和后台服务器进行相关设计。

7.2.3 付款页面如何将请求拦截在上游

在付款页面不需要再过滤用户请求了。在这个环节，除了保障数据的一致性外，还有一个要点：如果业务逻辑中出现了一个订单未及时付款而被取消的情况，记得把数据库及 Redis 的库存加回去。

关于数据的一致性，后面的章节会专门展开，这里就不单独讨论了。

7.2.4 整体服务器架构

再来回顾一下秒杀系统的分层思路，这也是秒杀系统的整体服务器架构方案，如图 7-3 所示。

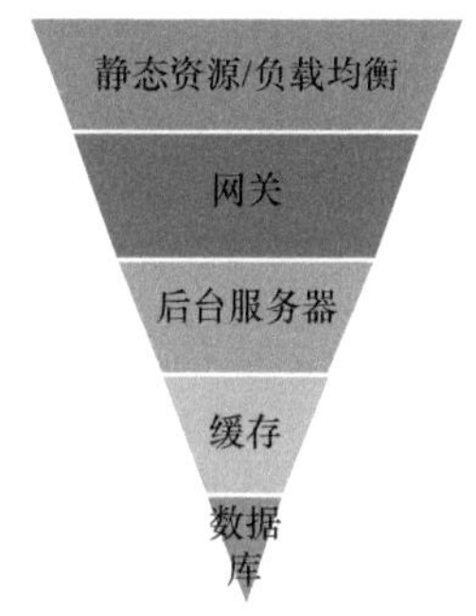

● 图 7-3 秒杀系统分层思路

为了保障秒杀系统的高可用性，在整体服务器架构中，需要保证图 7-3 中所有的层级都是高可用的。因此，静态资源服务器、网关、后台服务器均需要配置负载均衡，而缓存 Redis 和数据库均需要配置集群模式。

整体服务器架构中还有一个重要组成部分——MQ，因为这次的秒杀架构方案中不涉及它的设计逻辑，所以并未在上面的分层中提及它。不过，服务间触发通知时，就需要使用它了，因此也需要保证它是高可用的（这里要把主从、分片、Failover 机制都考虑进去）。

7.3 小结

到这里，秒杀架构的注意事项就讲完了。因为很多注意事项在前面几个场景一一介绍过，所以这一章讲解的内容就比较简练。

表7-1中整理了一份秒杀系统设计Checklist，供大家参考。

表7-1　秒杀系统设计Checklist

流　程	事　项
浏览页面	静态资源放CDN
浏览页面	秒杀期间的一些动态数据请求放入静态页面
浏览页面	秒杀开始的时间获取依赖服务端
浏览页面	秒杀结束的标识放在各个地方
下单页面	下单URL动态后台获取
下单页面	购买按钮点击后置灰（Disable）
下单页面	网关从3个方面过滤请求 1）用户访问频率 2）IP访问频率 3）整体流量控制
下单页面	库存放在Redis中，在每次下单操作中判断其是否为0，以防止超卖
下单页面	订单先入缓存再批量落库
付款页面	订单取消时记得将商品量加回数据库和Redis中的库存
服务器架构	静态资源服务器负载均衡
服务器架构	网关负载均衡
服务器架构	后台服务器负载均衡
服务器架构	Redis集群
服务器架构	MQ集群
服务器架构	数据库集群

这个场景中还有以下3个要点需要注意。

1）假设后台某服务因秒杀崩溃了，如何避免其他服务雪崩？这一点会在第10章详细展开。

2）网关层的限流。这一点会在第11章详细展开。

3）付款的数据一致性。这一点会在第13章详细展开。

这个秒杀项目上线以后，通过观察后台日志、内部监控平台的数据和第三方监控的数据，并用脚本对比库存扣减情况和订单情况，发现一切正常。因此，这次的秒杀架构是成功的。

其实笔者之前也做过秒杀架构，但是那时候的逻辑是，必须保证前面100名的客户可以抢到商品，并没有做限流等措施，因此后台服务器的压力很大，经常出问题。

虽然要保证前100名客户的订单成功，但是前面100名不一定就是第一时间点击秒杀按钮的客户，有些人网速快，有些人网速慢。另外，普通客户肯定没有专门“薅羊毛”的人操作快。对于普通客户来说，随机决定比单纯比快要更有机会下单成功。

后来，基本上秒杀架构都会设计限流。有一些秒杀的代码是在前端的JS中随机抛弃掉一些请求，这其实也是某种意义上的限流，只不过不太合理，应尽量避免。

秒杀架构场景就说到这里。接下来是第3部分基于常见组件的微服务场景实战，将从最简单的服务管理说起，由浅入深，逐层讲解微服务的相关知识。

PART 3
第 3 部分

基于常见组件的微服务场景实战

第8章 注册发现

下面开始微服务相关内容的讲解。在这一部分中，仍然从最基础的场景入手，然后再逐步展开说明，帮助大家快速掌握一些微服务组件的实现原理，最终理解微服务架构的本质。

8.1 业务场景：如何对几十个后台服务进行高效管理

依旧先来看一个实际的业务场景。

在笔者团队负责过的某个系统中，已经拥有了50多个服务，并且很多服务之间都有调用关系，而这些服务是使用各种语言编写的，比如Java、Go、Node.js。目前流行的Spring Cloud、Dubbo这些微服务框架都是针对Java语言的，所以没有使用它们。

那么，如何配置各个服务之间的调用关系呢？下面还原一下当时的配置过程。

因为这50多个服务都有负载均衡，所以首先需要把服务的地址和负载均衡全部配置在Nginx上，类似这样：

```
upstream user - servers {
  server 192.168.5.150:80;
  server 192.168.5.151:80;
}
upstream order - servers {
  server 192.168.5.153:80;
  server 192.168.5.152:80;
}
…
server{
  listen 80;
```

```
    server_name user-servers;
    location / {
      proxy_pass http://user-servers;
      proxy_set_header Host $host;
      proxy_set_header X-Real-IP $remote_addr;
      proxy_set_header X-Forwarded-For $proxy_add_x_forwarded_for;
    }
  }
  server{
    listen 80;
    server_name order-servers;
    location / {
      proxy_pass http://order-servers;
      proxy_set_header Host $host;
      proxy_set_header X-Real-IP $remote_addr;
      proxy_set_header X-Forwarded-For $proxy_add_x_forwarded_for;
    }
  }
```

而服务之间的调用关系主要通过本地配置文件配置，代码如下所示：

```
user.api.host=https://user-servers/
order.api.host=https://order-servers/
```

配置过程说明：先通过本地配置文件获取需调用服务的主机地址，再在代码中加上 URI 组装成 URL，然后所有服务之间的调用都通过 Nginx 代理。调用关系的架构图如图 8-1 所示。

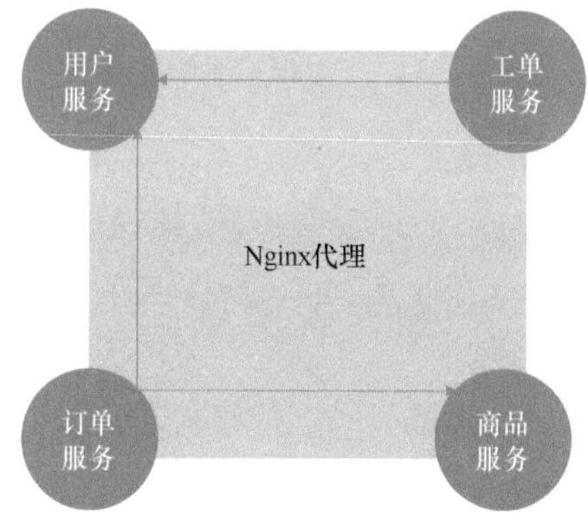

图 8-1　Nginx 代理示意图

那么，在以上这种架构中，到底会遇到哪些问题呢？

8.2 传统架构会出现的问题

8.2.1 配置烦琐，上线容易出错

系统上线部署时，因为每次增服务、加机器、减机器时，Nginx 都需要手工配置，而且每个环境都不一样，所以很容易出错。因此，服务器迁移或网络变动时，需要把这些配置重新梳理一遍，并进行多轮测试才能确保没问题。如果没有进行详细检查，某些节点的负载均衡出错了可能也不会被发现。

系统架构是先有 NetScalar，再由 NetScalar 负载均衡到 4 台 Nginx，每台 Nginx 再负载均衡到后台服务，即

后台服务→NetScalar→Nginx→后台服务

注意，这个 NetScalar 是针对内网的，外网有自己的 NetScalar。

但是，人难免出错，比如 user - servers 配置了两个新的 IP，然后在4 台 Nginx 上都要修改这两个 IP：

```
upstream user - servers {
    server 192.168.5.150:80;
    server 192.168.5.151:80;
  }
```

如果忘了修改其中一台，就不一定能发现，因为在测试的时候，NetScalar 可能并没有把请求导向到那台错误的 Nginx。这个疏忽会变成一个偶尔出现的错误，这种错误就更难被发现了。

8.2.2 加机器要重启

系统的流量增大后，通过监控发现有些服务需要增加机器，这个过程最能考验系统的抗压性，因为需要手工配置，稍不留神系统就会出错，比如多输入一个字符或没输对 IP。

而系统一旦出错，就需要重启 Nginx。设想一下，如果你是运维人员，这时会选择重启吗？如果重启失败了，影响范围会很大。因此，需要在短时间内确保配置准确无误，而加机器又是一件很急的事情，不会留太多时间进行检查。

时间紧，又不能出错，所以这个过程很难。

8.2.3 负载均衡单点

系统原来并不是先经过 NetScalar 再到 Nginx，而是这样的：

后台服务→Nginx→后台服务

因为所有的服务都需要经过 Nginx 代理，所以 Nginx 很容易成为瓶颈。而如果 Nginx 配置出了问题，所有的服务就都不能用了，风险很大。但是，假如让每个服务拥有自己的 Nginx，而不是所有后台服务共用一个 Nginx，就会有很多的 Nginx，维护起来更容易出错。

所以改成了上一小节提到的架构：

后台服务→NetScalar→Nginx→后台服务

NetScalar 胜在性能稳定，毕竟是个商业产品，也有自己的灾备功能。这样一来，Nginx 单点的问题得到了解决，可是网络开销更大了。

8.2.4 管理困难

在实际工作中，因为合规的要求，经常需要对全系统调用库进行升级，为了保证所有服务不被遗漏，就必须有一个后台服务清单。

考虑到后台服务清单都是通过手工进行维护的，所以需要定期对其进行整理，这着实是个“苦力活”。

为了解决这个问题，团队考虑过不少解决方案，分为 3 种。

1）每个服务自动将服务和 IP 注册到协调服务（比如 ZooKeeper），然后这个协调服务将所有后台服务的清单及每种服务的服务器节点列表推送到所有的后台服务，后台服务会自己控制调用哪个服务的哪个节点，这就是 Spring Cloud 和 Dubbo 的做法。

2）将所有的服务都部署到容器上，然后利用 Kubernetes 的 Service 与 Pod 的特性进行服务注册发现，如图 8-2 所示。

具体操作如下。

① 先在部署 User 服务的 Pod 上打上“User - App”标签，部署 Order 服务的 Pod 上打上“Order - App”标签。

② 在 Kubernetes 上启动多个 User 的 Pod 和多个 Order 的 Pod，然后启动两个 Service（类似于 Nginx 的负载均衡），一个 Service 叫 UserService，专门处理标签为“User - App”的 Pod；另一个 Service 叫 OrderService，专门处理标签为“Order

-App"的Pod。

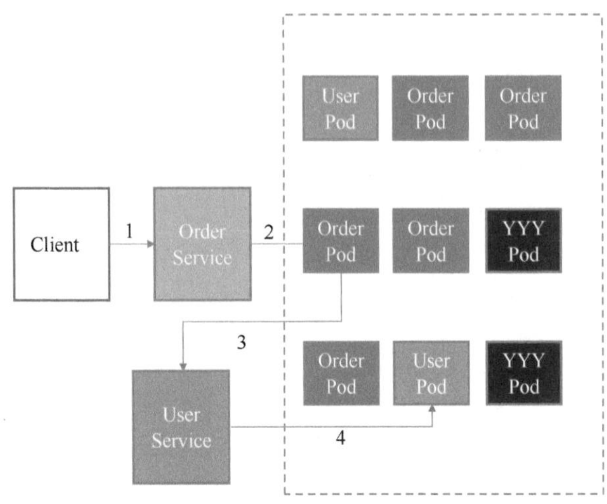

● 图 8-2　基于 Service 的服务注册发现示意图

③ 从 Client 发出的请求首先会到达 OrderService，再自动负载均衡到某个 Order 服务的 Pod。当 Order 的服务要调用 User 的服务时，它就会调用 UserService，UserService 会负载均衡到 User 其中的一个 Pod。

3）每个服务会自动将服务和 IP 注册到协调服务（比如 ZooKeeper），然后设计一个工具自动获取 ZooKeeper 中后台服务的机器列表，最终根据列表来自动更新 Nginx 的配置，更新完成后再重启。

项目最终采用的是第一种解决方案。

不用第二种解决方案的原因是那时团队对容器不熟悉，而且几年前，容器的生产环境还没有那么成熟，如果需要把所有的服务迁移到容器，代价跟风险都太大。

而不使用第三种解决方案的原因是，它并没有解决 Nginx 单点瓶颈、加机器后需要重启的问题。

因此，最终的解决方案如图 8-3 所示。

通过图 8-3 可以发现，整个解决过程分为以下几个步骤。

1）每个后台服务自动把服务类型和 IP 注册到中心存储。

2）中心存储将服务列表推送到每个后台服务。

3）后台服务在本地做负载均衡，轮流访问同服务的不同节点。

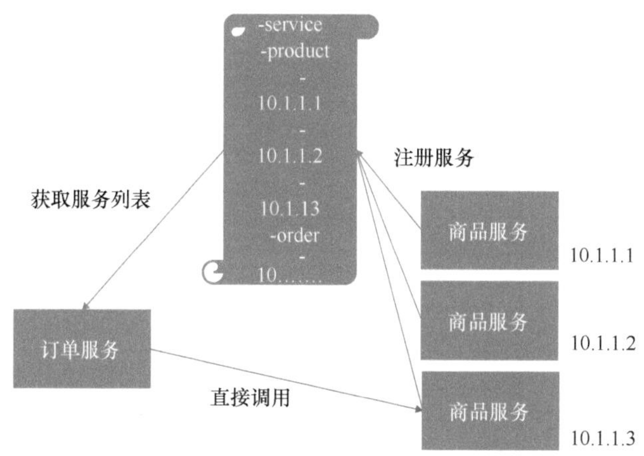

• 图 8-3 基于协调服务的服务注册发现

8.3 新架构要点

针对以上所取解决方案，接下来看看都有哪些注意事项需要考虑。这里总结了4点。

8.3.1 中心存储服务使用什么技术

通过上面的介绍可以发现，这个问题使用 Redis 就能解决，但还需要考虑以下两个需求。

1）服务变更的需求需要实时推送给所有后台服务。比如新增了一个服务器节点，服务器节点启动时会自动连接中央存储，当后台服务列表更新时，其他后台服务需要实时收到更新请求。

2）随时监听所有后台服务的状态，如果某个服务宕机了，及时通知其他服务。

对于这两个需求，分布式协调服务这个中间件技术刚好能全部满足，所以最终使用分布式协调服务来存储服务器列表。

8.3.2 使用哪个分布式协调服务

关于使用哪个分布式协调服务的问题，有一个详细的对比表格，见表8-1。

表 8-1　常见分布式协调服务对比

特　性	Nacos	Eureka	Consul	CoreDNS	ZooKeeper
一致性协议	CP + AP	AP	CP	—	CP
健康检查	TCP/HTTP/MySQL/ClientBeat	ClientBeat	TCP/HTTP/gRPC/CMD	—	KeepAlive
负载均衡策略	权重/Metadata/Selector	Ribbon	Fabio	RoundRobin	—
雪崩保护	有	有	无	无	无
自动注销实例	支持	支持	支持	不支持	支持
访问协议	HTTP/DNS	HTTP	HTTP/DNS	DNS	TCP
监听支持	支持	支持	支持	不支持	支持
多数据中心	支持	支持	支持	不支持	不支持
跨注册中心同步	支持	不支持	支持	不支持	不支持
Spring Cloud 集成	支持	支持	支持	不支持	支持
Dubbo 集成	支持	不支持	支持	不支持	支持
Kubernetes 集成	支持	不支持	支持	支持	不支持

那么如何选择呢？其实，在实际技术选型过程中，不仅需要考虑技术本身，还需要考虑组织的背景。比如，笔者当时所在公司已经在使用 ZooKeeper，对于运维团队而言，他们一般不会同时维护两种协调服务中间件，所以最终没有选择 ZooKeeper 以外的协调服务。

但是如果公司原来没有协调服务，则推荐使用 Nacos：一是因为它还带有配置中心的功能，可以取代 Spring Cloud Config，也就是一个中间件相当于两种中间件，性价比较高；二是因为在一致性里面它满足 AP 和 CP，而其他的中间件只满足 AP 或者只满足 CP（后面介绍 ZooKeeper 宕机的情况时会详细介绍 CAP）。

8.3.3　基于 ZooKeeper 需要实现哪些功能

需要实现的几个主要功能如下。

1）服务启动的时候，将信息注册到 ZooKeeper。

2）将所有的后台服务信息从 ZooKeeper 拉取下来。

3）监听 ZooKeeper 事件，如果后台服务信息出现变更，就更新本地列表。

4）调用其他服务时，如果需要实现一个负载均衡策略，一般用轮询（Ribbon）就可以了。

总体来说，这些功能实现起来一点儿也不复杂。

8.4 ZooKeeper 宕机了怎么办

因为后台服务都是多台部署的（比如某个节点宕机时，需要保证同服务的其他节点还可以正常工作），所以重点是保证 ZooKeeper 集群的高可用性（ZooKeeper 本身就有集群的能力）。

ZooKeeper 本身为了一致性牺牲了高可用性，它同时兼作 Leader、Follower 和 Observer 这 3 种角色，如果 Leader 或半数的 Follower 宕机了，ZooKeeper 就会进入漫长的恢复模式。而在这段时间里，ZooKeeper 不接受客户端的任何请求。为什么 ZooKeeper 要这样设计呢？

这里要解释一下 CAP 原则。

CAP 原则是指在一个分布式系统中，Consistency（一致性）、Availability（可用性）、Partition Tolerance（分区容错性）三者不可得兼。

1）一致性（C）：是指分布式系统中的所有数据副本在同一时刻是否一致，也就是说，访问所有数据副本的节点，是否都会返回一样的结果。

2）可用性（A）：集群中一部分节点发生故障后，集群整体是否还能响应客户端的读写请求。

3）分区容错性（P）：这个概念比较抽象，面试中也常问到。人们对此有不同的解释，下面的描述也只能说是一家之言。简单来说，假设集群有两个节点对外提供服务，理论上，这两个节点之间是可以互相通信的，因为要同步数据副本。但是，如果它们之间的网络出现问题，其数据就不能同步，从而出现不同的版本，这时怎么办？可以使用以下两种方案：①集群先停止服务，等其内部恢复，这个方案牺牲了 A（可用性）；②继续服务，让数据不一致，这个方案牺牲了 C（一致性）。

回到 ZooKeeper，它就是为了确保数据的一致性而牺牲了可用性。但是理论上来说，这个场景里面是可以牺牲一致性的，因为后台服务某一时刻可能彼此间有数万个请求，如果牺牲了可用性，就会导致这些请求都被拦截，而如果牺牲了一致性，最坏的情况就是几百个请求指向了错误的 IP。也就是说，在微服务间的协调这个场景里面，AP 比 CP 更合适，所以 Eureka 比 ZooKeeper 更合适。而 Nacos 可以通过配置来选择 AP 或 CP，这也是推荐 Nacos

的原因。

不过没有什么问题是不能克服的。再回到 ZooKeeper 宕机的问题，此时容易出现以下 3 种情况。

1）假设后台服务此时已经在本地缓存了所有后台服务的清单，那么后续只需要保证这段时间新的后台服务器没有变更。

2）假设这段时间服务器刚好变更了，那就可能出现调用失败的情况。

3）假设后台服务在 ZooKeeper 恢复期间启动了，它便连不上 ZooKeeper，也获取不到后台服务清单，这是最坏的情况。

遇到以上问题该怎么办呢？

当时团队的做法是每次通过某个特定服务把所有服务清单同步一份到配置中心，新的后台服务获取不到服务清单时，再从配置中心获取。虽然没有完全解决问题，但这已经是一个性价比不错的方案了，而且到目前为止，运气还不错，微服务使用的 ZooKeeper 没出现过重新投票的问题（但是 HBase 使用的 ZooKeeper 出现过这个问题）。

8.5 小结

结合最终的方案回顾一下之前的旧架构问题。

1）配置烦琐，上线容易出错。实施新方案之后不再需要去每个 Nginx 配置后台服务的 IP 了，因为所有的后台服务会自动连接 ZooKeeper，将 IP 注册上去。

2）加机器要重启。跟第一条一样，加了后台服务的机器后，新的机器自动将 IP 注册上去。ZooKeeper 也不需要重启。

3）负载均衡单点。ZooKeeper 本身就是一个集群，而且具有较好的高可用性。

4）管理困难。所有的后台服务类型和 IP 都可以从系统中直接查出，再也不需要手工整理了。

所以原来的架构问题都解决了，而且因为少了两层（NetScalar 和 Nginx）的网络通信，性能也提高了。

其实这次的架构经历有点类似于自己造轮子，因为注册发现是 Spring Cloud 或 Dubbo 已经实现的功能。有时候新来的同事会问，为什么要自研？这时只要给他们看一下 Go 和 Node. js 的服务，他们就容易理解了。

这个方案唯一的不足是重复造轮子这一点。有一些公司的做法是直接用 Kubernetes 的 Service 功能来解决，因为他们的运维人员对容器已经很熟悉了。

不过，重复造轮子的好处是能对微服务中服务注册发现的原理了解得更加透彻一些。

本章就说到这里，接下来将讨论微服务架构中让人诟病的另一个问题——日志跟踪。

第 9 章　全链路日志

第 8 章介绍了服务的注册发现，这里就来谈谈所有微服务都会遇到的一个问题——全链路日志。

为了便于理解下面的内容，同样先从一个真实的业务场景入手。

9.1 业务场景：这个请求到底经历了什么

当时公司的某一个业务线本来是基于自研的微服务架构，刚刚迁移到 Spring Cloud。因为公司原来的微服务架构是基于 ZooKeeper 做注册发现的，为了复用原来的中间件，迁移到 Spring Cloud 后，服务的注册发现基于 Spring Cloud ZooKeeper 实现，不过组件方面只使用了 Spring Cloud 的服务间调用（Feign）。

迁移到微服务后，就得考虑日志跟踪的事情了。

之前只是简单地把日志打印到本地文件上，然后使用 ELK（ElasticSearch、Logstash 和 Kibana）进行日志收集和分析，因此日志记录比较随意，且没有形成一个统一的规范。

因为没有统一的规范，在做线上问卷调查的时候，难度非常大。比如有一次碰到了某一个用户总是登录失败的问题。服务调用链路是这样的：

UserAPI→AuthService→UserService

在 UserAPI 中还能找到登录信息，因为日志里面打印出了用户名，而后根据相应的时间点可以找到线程 ID，那么这个时间点的这个线程 ID 下所有的日志就都属于要跟踪的活动了。

但是要去 AuthService 查找这个请求的下一个服务的日志时就复杂了。因为同一时间点有多个服务器节点，每个节点有多个线程 ID 在活动，所以无法判断哪个服务器节点的哪个线程 ID 是用来处理 UserAPI 中在调查的那次请求的。

那怎么办？等没流量的时候运维人员又重试了几次，最终才定位到 AuthService 中相应的日志。后来调查到的问题根源是，UserAPI 调用 AuthService 的时候，有个参数因为含有特殊字符而被 Tomcat 自动摒弃了，导致 AuthService 收不到那个参数的值。

项目组商量后，决定把日志进一步规范化，于是总结了以下 3 点需求。

1）记录什么时候调用了缓存、MQ、ES 等中间件，在哪个类的哪个方法中耗时多久。

2）记录什么时候调用了数据库，执行了什么 SQL 语句，耗时多久。

3）记录什么时候调用了另一个服务，服务名是什么，方法名是什么，耗时多久。

一般来说，一个请求会跨多个服务节点，针对这种情况又梳理了两条重要需求。

1）把同一个请求在全部服务中的以上所有记录进行串联，最终实现一个树状的记录。

2）设计一个基于这些基础数据的查询统计功能。

通过以上需求梳理并规范日志后，就可以在一个页面上看到每个请求的树状结构日志了，结果可参考图 9-1。

Method	Start Time	Exec(ms)	Exec(%)	Self(ms)	API	Service
/projectA/test	2020-11-12 16:14:06	14390		0	Nginx	load balancer1.system
/projectA/test	2020-11-12 16:14:06	14390		5	Nginx	load balancer1.system
/projectA/test	2020-11-12 16:14:06	14385		0	Nginx	load balancer2.system
/projectA/test	2020-11-12 16:14:06	14385		5	Nginx	load balancer2.system
/projectA/{name}	2020-11-12 16:14:06	14380		0	SpringMVC	projectA.business-zone
/projectB/test	2020-11-12 16:14:06	9309		1	SpringRestTempl...	projectA.business-zone
/projectB/{value}	2020-11-12 16:14:06	9308		0	SpringMVC	projectB.business-zone
org.skywalking.springcloud.test....	2020-11-12 16:14:06	4135		4135	Unknown	projectB.business-zone
H2/JDBI/PreparedStatement/exe...	2020-11-12 16:14:10	0		0	h2-jdbc-driver	projectB.business-zone
selectUser	2020-11-12 16:14:10	5173		1	Unknown	projectB.business-zone
H2/JDBI/PreparedStatement/exe...	2020-11-12 16:14:10	5172		5172	h2-jdbc-driver	projectB.business-zone

● 图 9-1　请求全链路日志树状结构示意图

通过这样的设计，如果后期线上环境出现问题需要进一步调查，就有了更多的依据。

需求确定后，就需要选择一款合适的开源技术进行方案实现，这就涉及技术选型过程。

9.2 技术选型

在进行技术选型时，可以对照表 9-1 中的全链路日志中间件对比。

表 9-1　全链路日志中间件对比

技　术	Jaeger	Zipkin	ApacheSkywalking	CAT	Pinpoint	Elastic APM
开发语言	Go	Java	Java	Java	Java	Go
GithubStar	12.4K	13.8K	15.5K	14.7K	11K	129
背后组织	CNCF、Uber	Apache、Twitter	Apache	美团	NAVER	Elastic
代码侵入性	中	高	低	高	低	很低
OpenTracing 兼容	是	是	是	否	否	部分
支持语言	Java、Go、Python、Node.js、C++/C#	Java、Go、Python、C#、PHP	Java、.NETCore、Node.js、PHP	Java、C/C++、Python、Node.js、Go	Java、PHP	Java、Go，Node.js、Python、Ruby
UI 功能	中	中	较丰富	丰富	丰富	中等
监控报警	无	无	支持	支持	支持	支持
存储类型	内存、Cassandra、Elasticsearch、Kafka	内存，Cassandra、Elasticsearch、MySQL	H2、Elasticsearch、MySQL、TiDB	HDFS	HBase	Elasticsearch

从表 9-1 中可以看出，可供选择的中间件很多，那么该如何选择呢？项目组讨论后，最终梳理出了以下原则。

9.2.1 日志数据结构支持 OpenTracing

平时日志行都是独立记录的，只能通过线程 ID 把它们关联起来。因此需要一个数据结构把每个请求在全部服务中的相关日志关联起来。

目前已经有一种比较通用的全链路数据格式——OpenTracing，它的标准和 API 是由一个开源组织 Cloud Native Computing Foundation（云原生计算基金会）进行维护的，这个开源组织也包含了一些全链路日志系统的维护者，如图 9-2

所示。

- Bas van Beek (@basvanbeek): Zipkin
- Ben Sigelman (@bhs): LightStep
- Chris Erway (@cce): TraceView
- Fabian Lange (@CodingFabian): Instana
- Erika Arnold (@erabug): New Relic
- Emanuele Palazzetti (@palazzem): DataDog
- Pavol Loffay (@pavolloffay): Hawkular
- 吴晟 (Wu Sheng) (@wu_sheng): SkyWalking
- Yuri Shkuro (@yurishkuro): Jaeger

● 图 9-2　OpenTracing 协议维护者

OpenTracing 通过提供一个与平台/厂商无关的 API，使得开发人员能够更方便地添加（或更换）追踪系统，这样即使之前引入的全链路日志不好用，以后想换掉也是非常方便的。

接下来解释一下 OpenTracing 标准，它主要包含两个概念：一个是 Trace，一个是 Span。

先来看看下面的例子，如图 9-3 所示。

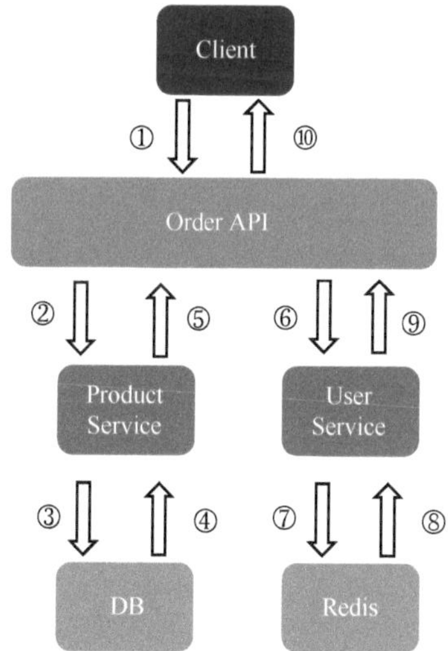

● 图 9-3　请求调用示意图

从图 9-3 中可以看到一个客户端调用 Order API 的请求时经历的整个流程（①～⑩），即一个 Trace；Order API 调用了 Produc Service 的整个过程（②～⑤），这就是一个 Span。每个 Span 代表 Trace 中被命名且被计时的连续性执行片段。

通过图 9-3 还能发现，Span 中又包含了一个子 Span，比如调用 Product Service 的过程中，Product Service 会访问一次数据库（③④），这也是一个 Span。因此可以得出，一个 Span 可以包含多个子 Span，而 Span 与 Span 之间的关系就叫 Reference。

在技术选型时，项目组都认可：必须保证系统的可替代性，尽量不要束缚于一项开源技术上。因为以前有过一次教训，当时强依赖了一个框架，结果那个框架不维护了，之后维护相关代码的人就非常痛苦，但是如果全部迁移，代价又太大且工作量也很大，付出与产出比不足以说服领导进行决策；如果不迁移，就只能一直用着过时的技术。所以这次选型使用了基于 OpenTracing 的日志系统。

9.2.2 支持 Elasticsearch 作为存储系统

诚然，因为流量大的原因，导致记录的日志数据量也很大，这就要求存储这些日志的系统必须支持海量数据且保证查询高效。

最终，因为公司运维人员对 Elasticsearch 比较熟悉，所以提出可以使用 Elasticsearch 对日志进行存储。

9.2.3 保证日志的收集对性能无影响

当服务在记录日志时，需要确保日志的记录与收集对服务器的性能不会产生影响。

比如之前调研过 Pinpoint，当服务在记录日志时，Pinpoint 的并发数达到一定数量时整体吞吐量少了一半，对服务器的性能影响很大，这是不能接受的。

9.2.4 查询统计功能的丰富程度

一般来说，查询统计功能越丰富越好，但必须首先满足一个基础功能：支持每个请求树状结构的全链路日志（如图 9-4 和图 9-5 所示），比如 SkyWalking 的功能就非常适用。

查询统计系统除了满足基本功能以外，也要实现监控报警、指标统计等功能，以此帮助减轻二次开发的工作量。

如何以最小的业务代码侵入性引入这些功能？

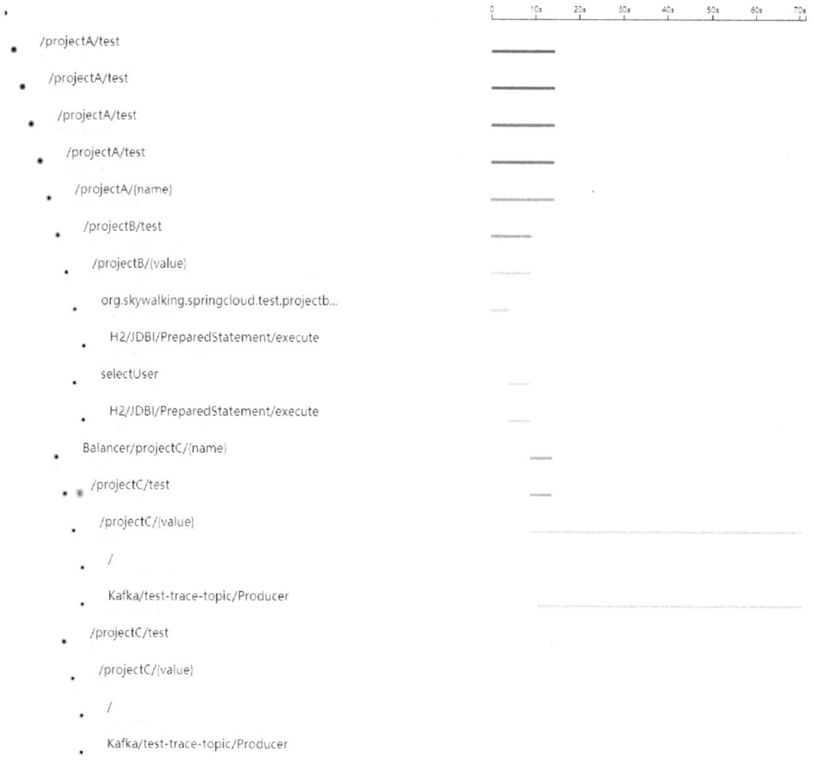

● 图 9-4　请求日志列表示意图

● 图 9-5　请求日志树状示意图

项目组希望日志数据的收集过程对写业务代码的人保持透明，因此，一种比较理想的解决方案是使用 Java 的探针，通过字节码加强的方式进行埋点。不过，这种方式对系统性能也会产生一定影响。

而且在实际业务中，公司都会把访问数据库、Redis、MQ 的代码进行封装，无法通过字节码加强的方式实现埋点，就只能尝试在封装的代码中实现，这样对开发业务代码的人来说同样透明。

9.2.5 使用案例

技术选型时，往往还需要了解哪些知名公司使用了这个技术，因为大公司的业务场景相对复杂些，经历的陷阱较多，一个技术如果被很多公司用过，那使用起来也就会稳定很多。

以上就是技术选型的几个判断标准。

9.2.6 最终选择

根据以上问题剖析及性能测试结果分析，可以发现 SkyWalking 比较符合需求。

项目组做性能测试时发现，对于 500 线程压力以下的服务，是否使用 SkyWalking 对其吞吐量影响不大，一般相差不超过 10%。

SkyWalking 官方测试报告中也提到：假如有 500 个并发用户，每个用户的每次请求间隔是 10 毫秒，TPS 基本没什么变化，如图 9-6 所示。

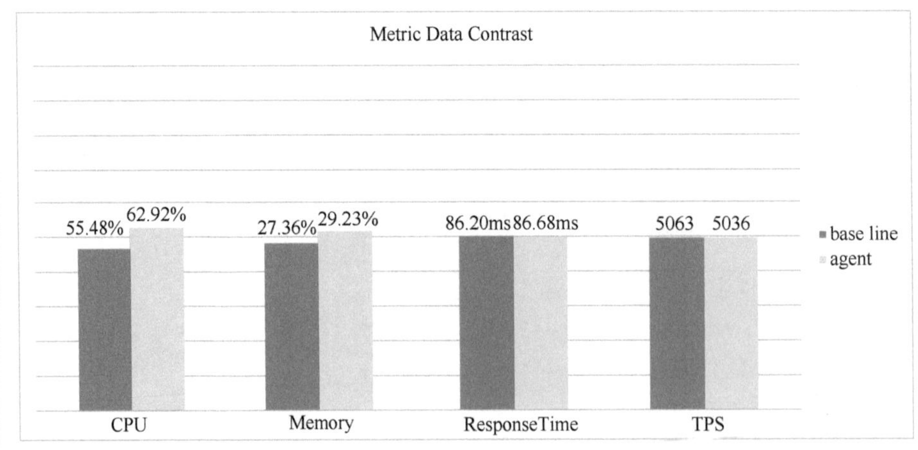

● 图 9-6 SkyWalking 压测性能影响

另外，技术选型时不仅要关注需求本身，还需要考虑组织或个人主观上的因素。

最后，根据笔者的实践经验，随着国内技术环境的改善和中国互联网的崛起，如今国产的很多开源框架并不比国外差，反而更贴近实际需求，比如VUE、Dubbo，这也是项目组选择SkyWalking的原因之一。

9.3 注意事项

在使用SkyWalking之前，还需要考虑以下5个注意事项。

9.3.1 SkyWalking的数据收集机制

中间件在收集日志的时候，不可能是同步的。为什么呢？如果每次记录日志都要发一个请求到中间件，等中间件返回结果以后，才算日志记录完成，进入下一个动作，那么这个请求的响应时间肯定变慢。而且这种情况下，业务系统和日志系统是耦合的，业务系统要保证绝对高可用，而日志系统只是用来为研发人员调研问题提供方便的，对可用性的要求没有那么高。也不可能让高可用的系统依赖中可用的系统。

所以这个日志收集的过程必须是异步的，和业务流程解耦。

SkyWalking的数据收集机制是这样的：服务中有一个本地缓存，把收集的所有日志数据先存放在这个缓存中，然后后台线程通过异步的方式将缓存中的日志发送给SkyWalking服务端。这种机制使得在日志埋点的地方无须等待服务端接收数据，也就不影响系统性能。

9.3.2 如果SkyWalking服务端宕机了，会出现什么情况

如果服务端宕机了，理论上日志缓存中的数据会出现没人消费的情况，这样会不会导致数据越积越多，最终超出内存呢？

在SkyWalking中会设置缓存的大小，如果这部分数据超出了缓存大小，Trace不会保存，也就不会超出内存了。

9.3.3 流量较大时，如何控制日志的数据量

流量大时，不可能收集每个请求的日志，否则数据量会过大。那SkyWalking

如何控制采样比例呢？

SkyWalking 会在每个服务器上配置采样比例，比如设置为 100，代表 1% 的请求数据会被收集，代码如下所示。

```
agent - analyzer:
  default:
    ...
    sampleRate: ${SW_TracE_SAMPLE_RATE:1000} # The sample rate precision is 1/10000.10000 means 100% sample in default.
    forceSampleErrorSegment: ${SW_FORCE_SAMPLE_ERROR_SEGMENT:true} # When sampling mechanism activated, this config would make the error status segment sampled, ignoring the sampling rate.
```

这样就可以通过 sampleRate 来控制采样比例了。一般而言，流量越大，采样比例越小。

不过，这里有两点需要特别注意。

1）一旦启用 forceSampleErrorSegment，出现错误时就会收集所有的数据，此时 sampleRate 对出错的请求不再适用。

2）所有相关联服务的 sampleRate 最好保持一致，如果 A 调用 B，然后 A、B 的采样比例不一样，就会出现一个 Trace 串不起来的情况。

9.3.4 日志的保存时间

一般来说，日志不需要永久保存，通常是保存 3 个月的数据，关于这一点大家结合公司的实际情况进行配置即可。

按照以前的设计方案，需要自己设计一个工具将数据进行定时清理，不过此时可以直接使用 SkyWalking 进行配置，代码如下所示。

```
# Set a timeout on metrics data.After the timeout has expired, the metrics data will automatically be deleted.
recordDataTTL: ${SW_CORE_RECORD_DATA_TTL:3} # Unit is day
metricsDataTTL: ${SW_CORE_METRICS_DATA_TTL:7} # Unit is day
```

9.3.5 集群配置：如何确保高可用

先来看看 SkyWalking 官方文档给出的 SkyWalking 架构，如图 9-7 所示。

在此架构中，需要关注 SkyWalking 的收集服务（Receiver）和聚合服务（Aggregator），它们支持集群模式。同时，在集群服务里，多个服务节点又需要一些协调服务来协调服务间的关系，它们支持 Kubernetes、ZooKeeper、Consul、etcd、Nacos（开源的协调服务基本都支持）。

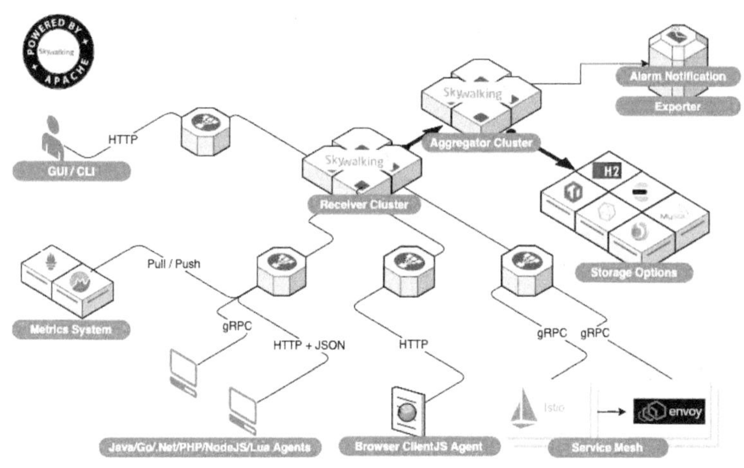

● 图 9-7　SkyWalking 的架构

前面多次提及 ZooKeeper，此时大家应该猜得到项目组最终的选型。

9.4 小结

在方案中使用 SkyWalking 后，对于问题排查帮助非常大。比如再碰到类似登录失败的问题时，根据关键字查到 TraceID 以后，基于 TraceID 调出所有的请求日志，到底发生了什么就会一目了然。

这个全链路日志系统上线以后，团队优化了很多慢请求，因为每个调用环节和耗时都列出来了，很容易就能找到瓶颈点并加以解决。基于这个系统，团队完成了多个可以汇报的亮点工作。

但是 SkyWalking 也存在不足，比如一开始使用的版本存在很多兼容性问题。不过现在它改善不少，只要使用最新版，基本上问题不大。

这次的架构经历不涉及太多的架构设计，主要是技术选型和一些注意事项。希望通过上面的讲解，帮助大家快速理解全链路日志，并针对技术选型问题快速做出决策。

第 10 章 熔　断

第 9 章讲了微服务的全链路日志问题，本章就来谈谈所有微服务会遇到的第二个问题——熔断。

可能你有个疑问：熔断不是流量大时才会出现吗？前面所讲场景的流量并不大，应该不用考虑熔断的问题吧？其实不是的，这里存在一定误区。

先介绍一下业务场景。

10.1 业务场景：如何预防一个服务故障影响整个系统

在一个新零售架构系统中，有一个通用用户服务（很多页面都会使用），它包含两个接口。

1）第一个是用户状态接口，包含用户车辆所在位置。它在用户信息展示页面都会用到，比如客服系统中的用户信息页面。

2）第二个接口用于返回给用户一个可操作的权限列表，它包含一个通用权限，也包含用户定制权限，而且每次用户打开 App 时都会使用它。

而这两个接口各自会碰到相应的问题，下面分别讨论。

10.1.1 第一个问题：请求慢

用户状态的接口、服务间的调用关系如图 10-1 所示。

在 Basic Data Service（基础数据服务）中，接口/currentCarLocation 需要调用第三方系统的数据，但第三方响应速度很慢，而且有时还会发生故障，导致响应时间更长，接口经常出现超时报错。

有一次，用户反馈 App 整体运行速度慢到无法接受的程度。运维人员通过后台监控查看了几个 Thread Dump（线程转储），发现 User API 与 Basic Data Service 的线程请求数接近极限值，且所有的线程都在访问第三方接口（3rd Location

API)。因为连接数满了，其他页面便不再受理 User API 的请求，最终导致 App 整体出现卡顿。

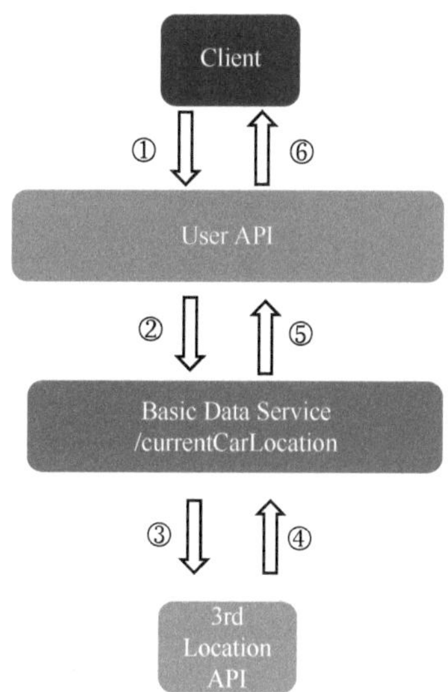

● 图 10-1 涉及第三方接口的调用示意图

之前运维人员针对这个问题做过相关处理，考虑响应时间长，就把超时时间设置得很长，这样虽然超时报错少了，其他页面也保持正常，但是会导致客服后台查看用户信息的页面响应时间长。

10.1.2 第二个问题：流量洪峰缓存超时

用户权限的接口、服务间的调用关系与上面类似，如图 10-2 所示。

服务间的调用流程具体分为以下 3 个步骤。

1）APP 访问 User API。

2）User API 访问 Basic Data Service 接口/commonAccesses。

3）Basic Data Service 提供一个通用权限列表。因为权限列表对所有用户都一样，所以把它放在了 Redis 中，如果通用权限在 Redis 中找不到，再去数据库中查找。

接下来聊聊服务间的调用流程中笔者遇到过的一些问题。

有一次，因为历史代码的原因，在流量高峰时 Redis 中的通用权限列表超时了，那一瞬间所有的线程都需要去数据库中读取数据，导致数据库的 CPU 使用率升到了 100%。

数据库崩溃后，紧接着 Basic Data Service 也停了，因为所有的线程都堵塞了，获取不到数据库连接，导致 Basic Data Service 无法接收新的请求。

而 User API 因调用 Basic Data Service 的线程而出现了堵塞，以至于 User API 服务的所有线程都出现堵塞，即 User API 也停止工作，使得 App 上的所有操作都不能使用，后果比较严重。

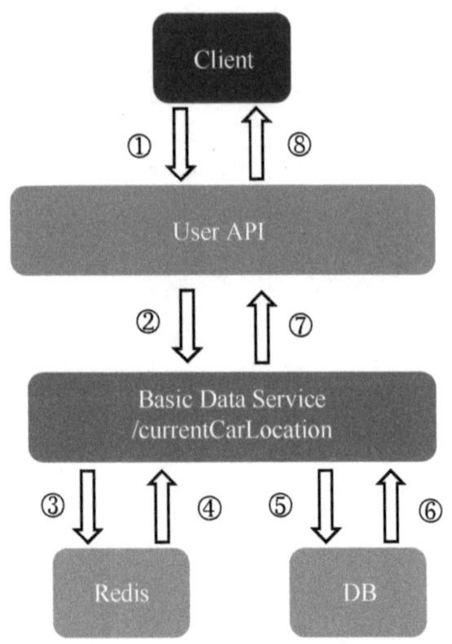

● 图 10-2　涉及缓存的服务调用示意图

10.2 覆盖场景

为了解决以上两个问题，需要引入一种技术，这种技术还要满足以下两个条件。

1. 线程隔离

首先针对第一个问题进行举例说明。假设 User API 中每个服务配置的最大连接数是 1000，每次 API 调用 Basic Data Service 的/currentCarLocation 时速度会很慢，所以调用/currentCarLocation 的线程就会很慢，一直不释放。那么原因可能是，User API 这个服务中的 1000 个连接线程全部都在调用/currentCarLocation 这个服务。

因此，希望控制/currentCarLocation 的调用请求数，保证不超过 50 条，以此保证至少还有 950 条连接可用于处理常规请求。如果/currentCarLocation 的调用请求数超过 50 条，就设计一些备用逻辑进行处理，比如在页面上给用户提示。

2. 熔断

针对第二个问题，因为此时数据库并没有死锁，流量洪峰缓存超时只是因为压力太大，所以可以使 Basic Data Service 暂缓服务、不接收新的请求，这样 Redis 的数据会被补上，数据库的连接也会降下来，服务也就没问题了。

总结一下，这个技术应能实现以下两点需求。

1）发现近期某个接口的请求经常出现异常时，先不访问接口的服务。

2）发现某个接口的请求总是超时时，先判断接口的服务是否不堪重负，如果是，就先别访问它。

了解了这个技术需要满足的条件后，就可以有针对性地进行选型了。

10.3 Sentinel 和 Hystrix

目前可以解决以上需求的比较流行的开源框架有两个：一个是 Netflix 开源的 Hystrix，Spring Cloud 默认使用这个组件；另一个是阿里开源的 Sentinel。两者的对比见表 10-1。

表 10-1　Sentinel 和 Hystrix 的对比

特　性	Sentinel	Hystrix
隔离策略	信号量隔离	线程池隔离/信号量隔离
熔断降级策略	基于响应时间或失败比例	基于失败比例
实时指标实现	滑动窗口	滑动窗口（基于 RxJava）
规则配置	支持多种数据源	支持多种数据源
扩展性	多个扩展点	插件的形式
基于注解的支持	支持	支持
限流	基于 QPS（每秒查询数），支持基于调用关系的限流	不支持
流量整形（承接限流）	直接拒绝、慢启动预热、匀速器模式	不支持
系统负载保护	支持	不支持
控制台	开箱即用，支持规则配置、秒级监控查看、机器发现等	很简单的监控查看

这两个框架都能满足需求，但项目组最终使用了 Hystrix，具体原因如下。

1）满足需求。

2）团队里有人用过 Hystrix，并通读了它的源代码。

3）它是 Spring Cloud 默认自带的，项目组很多人都看过相关文档。

10.4 Hystrix 的设计思路

下面从 4 个方面介绍一下 Hystrix 的设计思路。

1）线程隔离机制。

2）熔断机制。

3）滚动（滑动）时间窗口。

4）Hystrix 调用接口的请求处理流程。

10.4.1 线程隔离机制

在 Hystrix 机制中，当前服务与其他接口存在强依赖关系，且每个依赖都有一个隔离的线程池。

如图 10-3 所示，当前服务调用接口 A 时，并发线程的最大个数是 10，调用接口 M 时，并发线程的最大个数是 5。

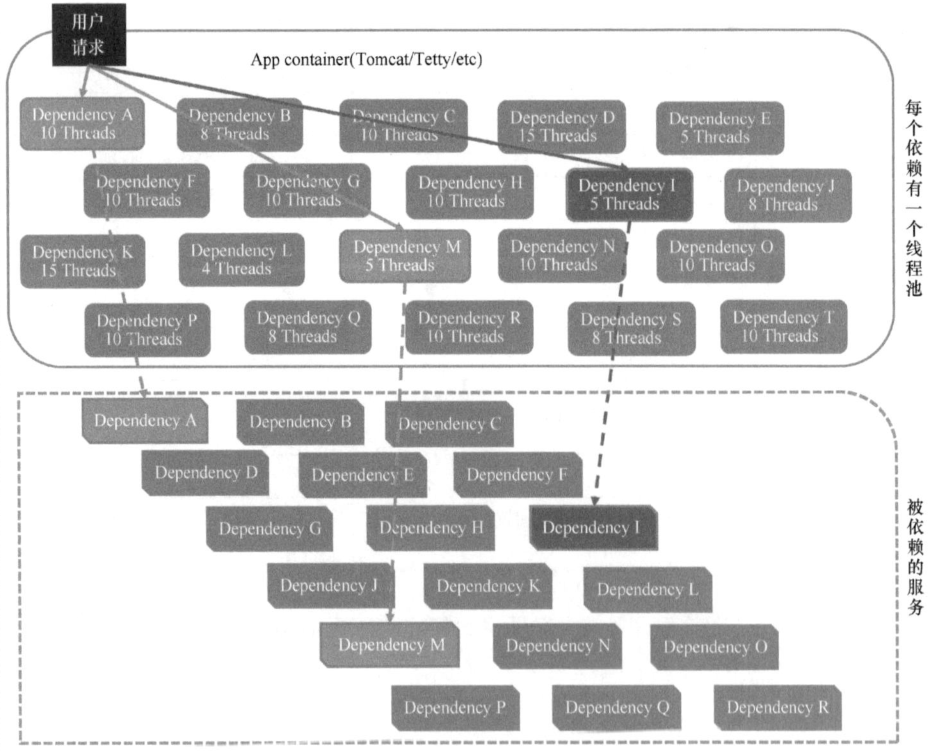

● 图 10-3 隔离线程池示意图

一般来说，当前服务依赖的一个接口响应慢时，正在运行的线程就会一直处于未释放状态，最终把所有的连接线程都卷入慢接口中。为此，在隔离线程的过程中，Hystrix 的做法是每个依赖接口（也可以配置成几个接口共用）维护一个线程池，然后通过线程池的大小、排队数等隔离每个服务对依赖接口的调用，这样就不会出现前面的问题。

当然，在 Hystrix 机制中，除了使用线程池来隔离线程，还可以使用信号量（计数器）。

仍以调用接口 A 为例，因并发线程的最大个数是 10，在信号量隔离的机制中，Hystix 并不是使用 size 为 10 的线程池，而是使用一个信号量 semaphoresA 来隔离，每当调用接口 A 时即执行 semaphoresA + +，调用之后执行 semaphoresA − −，semaphoresA 一旦超过 10，就不再调用。

因为在使用线程池时经常需要切换线程，资源损耗较大，而信号量的优点恰巧就是切换快，所以正好能解决问题。不过它也有一个缺点，即接口一旦开始调用就无法中断，因为调用依赖的线程是当前请求的主线程，不像线程隔离那样调用依赖的是另外一个线程，当前请求的主线程可以根据超时时间把它中断。

至此，第一个问题就得到了解决，不会因为一个下游接口慢而将当前服务的所有连接数占满。

那第二个问题如何解决呢？这就涉及接下来要说的熔断机制了。

10.4.2　熔断机制

关于 Hystrix 熔断机制的设计思路，本小节将从以下几个方面来介绍。

1. 在哪种条件下会触发熔断

熔断判断规则是某段时间内调用失败数超过特定的数量或比例时，就会触发熔断。那这个数据是如何统计出来的呢？

在 Hystrix 机制中，会配置一个不断滚动的统计时间窗口 metrics. rollingStats. timeInMilliseconds，在每个统计时间窗口中，若调用接口的总数量达到 circuitBreakerRequestVolumeThreshold，且接口调用超时或异常的调用次数与总调用次数之比超过 circuitBreakerErrorThresholdPercentage，就会触发熔断。

2. 熔断了会怎么样

如果熔断被触发，在 circuitBreakerSleepWindowInMilliseconds 的时间内，便不再对外调用接口，而是直接调用本地的一个降级方法，代码如下所示。

```
@ HystrixCommand(fallbackMethod = "getCurrentCarLocationFallback")
```

3. 熔断后怎么恢复

到达 circuitBreakerSleepWindowInMilliseconds 的时间后，Hystrix 首先会放开对接口的限制（断路器状态为 HALF - OPEN），然后尝试使用一个请求去调用接口，如果调用成功，则恢复正常（断路器状态为 CLOSED），如果调用失败或出现超时等待，就需要重新等待 circuitBreakerSleepWindowInMilliseconds 的时间，之后再重试。

这个不断滚动的时间窗口是什么意思呢？

10.4.3 滚动（滑动）时间窗口

比如把滚动事件的时间窗口设置为 10 秒，并不是说需要在 1 分 10 秒时统计一次，1 分 20 秒时再统计一次，而是需要统计每一个 10 秒的时间窗口。

因此，还需要设置一个 metrics. rollingStats. numBuckets。假设设置 metrics. rollingStats. numBuckets 为 10，表示时间窗口划分为 10 小份，每份是 1 秒，然后就会在 1 分 0 秒 ~ 1 分 10 秒统计一次、1 分 1 秒 ~ 1 分 11 秒统计一次、1 分 2 秒 ~ 1 分 12 秒统计一次……即每隔 1 秒都有一个时间窗口。

图 10-4 所示即为一个 10 秒时间窗口，它被分成了 10 个桶（Bucket）。

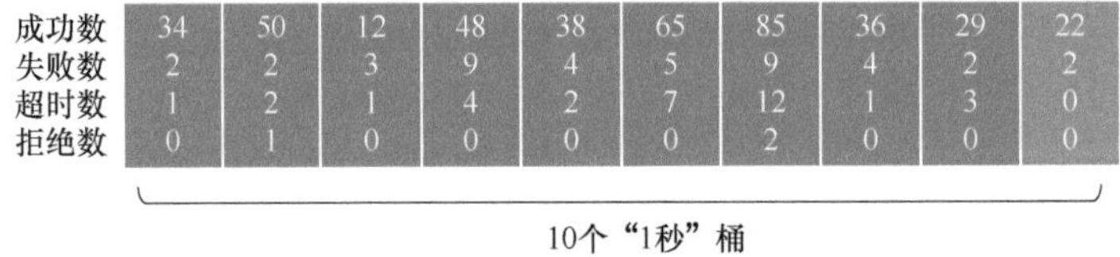

成功数	34	50	12	48	38	65	85	36	29	22
失败数	2	2	3	9	4	5	9	4	2	2
超时数	1	2	1	4	2	7	12	1	3	0
拒绝数	0	1	0	0	0	0	2	0	0	0

● 图 10-4　时间窗口示意图

在每个桶中，Hystrix 首先会统计调用请求的成功数、失败数、超时数和拒绝数，再单独统计每 10 个桶的数据（到了第 11 个桶时就是统计第 2 个桶 ~ 第 11 个桶的合计数据）。

讲到这里，大家可能会觉得有点混乱，所以接下来笔者把 Hystrix 调用接口的请求处理流程梳理一下。

10.4.4 Hystrix 调用接口的请求处理流程

图 10-5 所示为一次调用成功的流程。

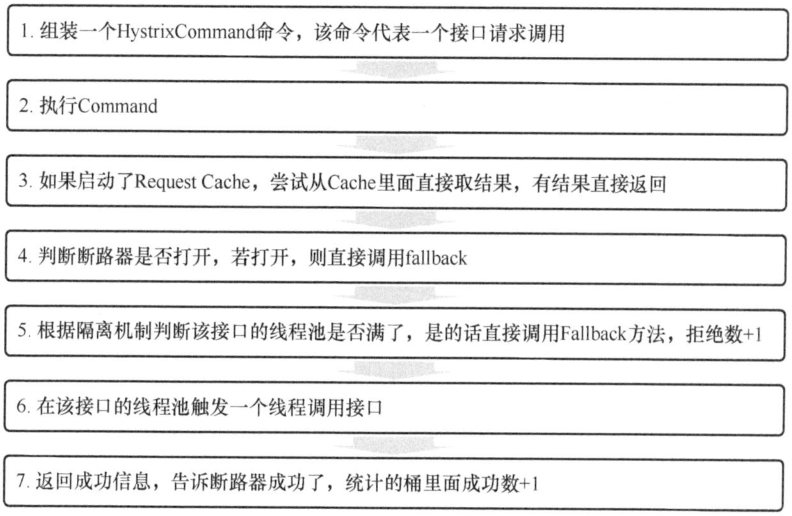

1. 组装一个HystrixCommand命令，该命令代表一个接口请求调用

2. 执行Command

3. 如果启动了Request Cache，尝试从Cache里面直接取结果，有结果直接返回

4. 判断断路器是否打开，若打开，则直接调用fallback

5. 根据隔离机制判断该接口的线程池是否满了，是的话直接调用Fallback方法，拒绝数+1

6. 在该接口的线程池触发一个线程调用接口

7. 返回成功信息，告诉断路器成功了，统计的桶里面成功数+1

● 图 10-5　Hystrix 成功请求处理流程

图 10-6 所示为一次调用失败的流程。

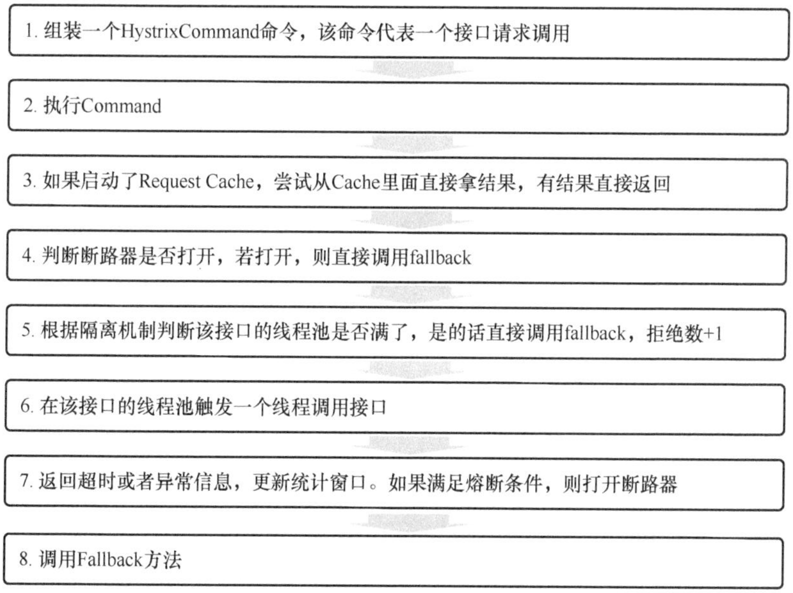

1. 组装一个HystrixCommand命令，该命令代表一个接口请求调用

2. 执行Command

3. 如果启动了Request Cache，尝试从Cache里面直接拿结果，有结果直接返回

4. 判断断路器是否打开，若打开，则直接调用fallback

5. 根据隔离机制判断该接口的线程池是否满了，是的话直接调用fallback，拒绝数+1

6. 在该接口的线程池触发一个线程调用接口

7. 返回超时或者异常信息，更新统计窗口。如果满足熔断条件，则打开断路器

8. 调用Fallback方法

● 图 10-6　Hystrix 失败请求处理流程

Hystrix 调用接口的请求处理流程结束后，就可以直接启用它了。在 Spring Cloud 中启用 Hystrix 的操作也比较简单，此处就不展开了。

另外，Hystrix 还有 requestcaching（请求缓存）和 requestcollapsing（请求合并）这两个功能，因为它们与熔断关系不大，这里就不再讲解。

10.5 注意事项

明白 Hystrix 的设计思路后，使用它之前还需要考虑数据一致性、超时降级、用户体验、熔断监控等方面。

10.5.1 数据一致性

这里通过一个例子来帮助理解。假设服务 A 更新了数据库，在调用服务 B 时直接降级了，那么服务 A 的数据库更新是否需要回滚？

再举一个复杂点的例子，比如服务 A 调用了服务 B，服务 B 调用了服务 C，在服务 A 中成功更新了数据库并成功调用了服务 B，而服务 B 调用服务 C 时降级了，直接调用了 Fallback 方法，此时就会出现两个问题：服务 B 向服务 A 返回成功还是失败？服务 A 的数据库更新是否需要回滚？

以上两个例子体现的就是数据一致性的问题。关于这个问题并没有一个固定的设计标准，只要结合具体需求进行设计即可。

10.5.2 超时降级

比如服务 A 调用服务 B 时，因为调用过程中 B 没有在设置的时间内返回结果，被判断超时了，所以服务 A 又调用了降级的方法，其实服务 B 在接收到服务 A 的请求后，已经在执行工作并且没有中断；等服务 B 处理成功后，还是会返回处理成功的结果给服务 A，可是服务 A 已经使用了降级的方法，而服务 B 又已经把工作做完了，此时就会导致服务 B 中的数据出现异常。

10.5.3 用户体验

请求触发熔断后，一般会出现以下 3 种情况。

1）用户发出读数据的请求时遇到有些接口降级了，导致部分数据获取不到，就需要在界面上给用户一定的提示，或让用户发现不了这部分数据的缺失。

2）用户发出写数据的请求时，熔断触发降级后，有些写操作就会改为异步，后续处理对用户没有任何影响，但要根据实际情况判断是否需要给用户提供一定的提示。

3）用户发出写数据的请求时，熔断触发降级后，操作可能会因回滚而消除，此时必须提示用户重新操作。

因此，服务调用触发了熔断降级时需要把这些情况都考虑到，以此来保证用户体验，而不是仅仅保证服务器不宕机。

10.5.4　熔断监控

熔断功能上线后，其实只是完成了熔断设计的第一步。因为 Hystrix 是一个事前配置的熔断框架，关于熔断配置对不对、效果好不好，只有实际使用后才知道。

为此，实际使用时，还需要从 Hystrix 的监控面板查看各个服务的熔断数据，然后根据实际情况再做调整，只有这样，才能将服务器的异常损失降到最低。

10.6　小结

引入 Hystrix 的项目方案一周就上线了，非常简单，下面两个问题很快就解决了。

1）下游接口慢导致当前服务所有连接池的线程被占满。

2）下游接口慢导致所有上游的接口雪崩。

之后系统就没有再出现相关的错误了。

但是 Hystrix 也有个不足。Hystrix 的设计思想是事前配置熔断机制，也就是说，要事先预见流量是什么情况、系统负载能力如何，然后预先配置好熔断机制。但这种操作的缺点是，一旦实际流量或系统状况与预测的不一样，预先配置好的机制就达不到预期的效果。

所以这个项目上线以后，项目组又根据监控情况调整了几次参数。也因为这一点，开源 Hystrix 的公司 Netflix 想使用一个动态适应的更灵活的熔断机制。2018 年后官方已不再为 Hystrix 开发新功能，转向开发 Resilience4j 了，对于 Hystrix 的原有功能只做简单维护。

再接着说熔断。目前的熔断框架已经设计得非常好了。对于使用熔断的人来说，虽然可以通过简单配置或代码编写实现应用，但是因为它是高并发中非常核心的一个技术，所以有必要理解清楚它的原理、机制及使用场景。本章主要讲解了熔断的基本原理，有兴趣的读者可以去钻研一下它的源代码。

熔断和限流都是高并发场景当中面试官最喜欢问的，所以接下来讲一下限流。

第 11 章 限　流

第 7 章介绍过秒杀系统的架构方案，其中涉及了限流的相关内容，因篇幅有限，当时并没有将这部分内容展开说明，这一章就着重讲解限流的相关知识。

为了便于理解，还是先从业务场景入手。

11.1 业务场景：如何保障服务器承受亿级流量

在某次秒杀活动中，总计有 100 个特价商品，且每个商品的价格都非常低，活动计划于当年 10 月 10 日晚上 10 点 10 分 0 秒开启。

当时，服务架构如图 11-1 所示，所有客户端的 API 请求先进入 Nginx 层，再由 Nginx 层转发至网关层（Java，使用 Spring Cloud Zuul），最后转发至后台服务（Java）。

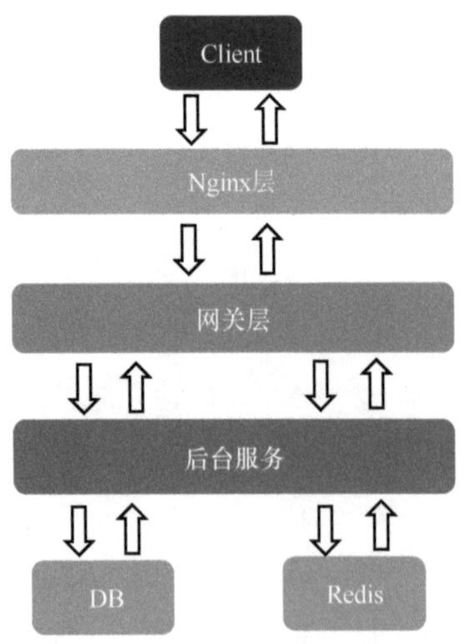

● 图 11-1　服务架构图

公司预测到秒杀开始那一瞬间会有海量用户涌入，致使系统无法处理所有用户请求。为保障服务器承受住大流量，只能通过限流的方式将部分流量放入后台服务中。

那什么是限流呢？一说到限流，有些人会把它与熔断混在一起讨论，其实它们是有区别的。

熔断一般发生在服务调用方，比如服务 A 需要调用服务 B，调用几次后发现服务 B 出现了问题且无法再调用，此时服务 A 必须立即触发熔断，在一段时间内不再调用服务 B。

限流一般发生在服务被调用方，且主要在网关层做限流操作。比如一个电商网站的后台服务一秒内只能处理 10 万个请求，这时突然涌入了 100 万个请求，该怎么办？此时，可以把 90% 的请求全部抛弃且不做处理，然后重点处理其余 10% 的请求，以此保证至少 10 万人能正常操作（这个比例看起来有点夸张，但是在实际秒杀场景中，即使把 99% 的流量抛弃掉也不要紧）。

再回到这一章的业务场景中，这次项目的需求是在某个层级通过限流的方式将秒杀活动的交易 TPS 控制在 100 笔/秒（因为秒杀活动总计 100 个商品，也就是说最终的交易只有 100 笔，希望 100 笔交易在一秒内完成）。此时应该怎么做呢？这就需要用到限流的一些常用算法了。

11.2 限流算法

关于限流的算法分为固定时间窗口计数、滑动时间窗口计数、漏桶、令牌桶 4 种，下面分别进行说明。

11.2.1 固定时间窗口计数算法

假设需求是后台服务每 5 秒钟处理 500 个请求（以 5 秒为单位方便举例），那么每 5 秒钟就需要一个时间窗口来统计请求，见表 11-1。

表 11-1　时间窗口各时间段统计

时间窗口	请求数	抛弃数
10：00：01 ~ 10：00：05	600	100
10：00：06 ~ 10：00：10	500	0

（续）

时间窗口	请求数	抛弃数
10：00：11～10：00：15	400	0
10：00：16～10：00：20	652	152
⋮	⋮	⋮

此时固定时间窗口算法看起来是可以满足需求的，不过它会存在一个问题。

假设1～4秒有200个请求，5秒时有300个请求，6～9秒有499个请求，10秒时有1个请求，通过计算得知：1～5秒总计500个请求，6～10秒也是总计500个请求。

通过以上统计，流量并没有超出阈值。但是如果计算一下5～9秒这个区间的请求数，会发现它已经达到了300+499=799个，也就是说5～9秒的请求数超标了299个，服务器明显支撑不住。

因此，固定时间窗口计数算法在现实中并不实用。

11.2.2 滑动时间窗口计数算法

假设项目需求是后台服务在一秒内处理100个请求，滑动时间窗口计数算法就是每100毫秒设置一个时间区间，每个时间区间统计该区间内的请求数量，然后每10个时间区间合并计算请求总数，请求数超出最大数量时就把多余的请求数据抛弃，当时间节点进入下一个区间（比如第11个区间）时，便不再统计第1个区间的请求数量，而是将第2～11个区间的请求数量进行合并来计算出一个总数，并以此类推，如图11-2所示。

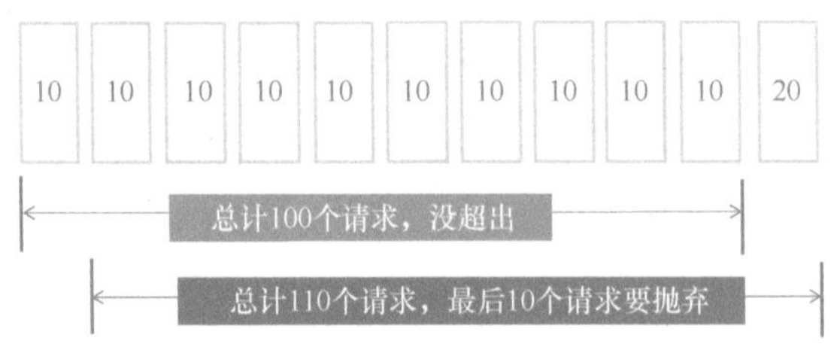

● 图11-2　滑动时间区间示意图

虽然滑动时间窗口计数算法并不能保证每秒的统计请求数都是精准的，但是可以大大减少单位时间内请求数超出阈值且检测不出来的概率。比如，请求都堆积在前 100 毫秒的尾端与后 100 毫秒的首端时，才可能出现请求数超出最大数量且不被发现的情况。

当然，可以将这个区间分得更细，比如设置 10 毫秒为一个区间。区间分得越细，计算数据就越精准，但是资源损耗也越多。

这个算法目前看来似乎已经能满足需求了。不过，场景是这样的：库存中只有 100 个商品，如果想把 TPS 控制在 100 笔/秒，将滑动时间窗口设置为 1 秒即可，即分成 10 个区间，每个区间 100 毫秒，此时就会出现在第一个 100 毫秒请求已经超出 100 个的情况，也就是说商品已经被秒光。

这时就有个问题，什么人能在 100 毫秒内完成点击购买、下单、提交订单的整个流程？可能只有机器人可以做到，也就是说秒杀商品基本是给机器人准备的，这并不是公司想要的结果。

再看看其他算法。

11.2.3　漏桶算法

漏桶算法的实现思路如图 11-3 所示。

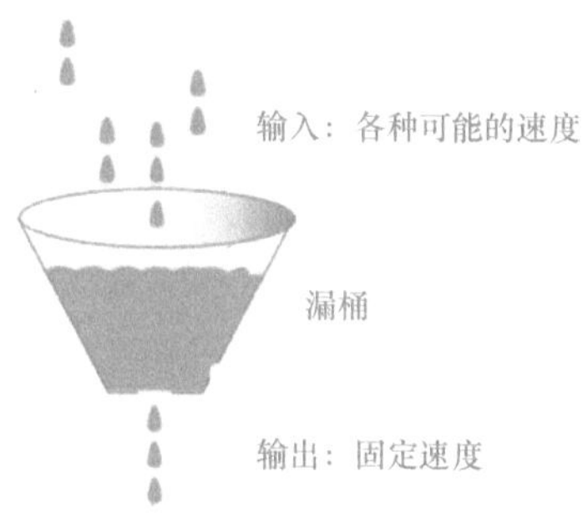

● 图 11-3　漏桶实现思路示意图

从图 11-3 中可以看到，漏桶算法的实现分为 3 个步骤。

1）任意请求进来后直接进入漏桶排队。

2）以特定的速度处理漏桶队列里面的请求。

3）超出漏桶负载范围的新请求直接抛弃掉，无法进入排队队列。

结合上一小节在一秒内控制 100 个请求的例子，可以把输出速度设置为 100 个/秒（即每 10 毫秒处理一次请求），再把桶的大小设置为 100。因为漏桶算法是按先进先出的原则处理请求的，所以会出现最终被处理的请求还是前面那 100

个请求的情况，这就与滑动时间窗口计数算法遇到的问题一样了，最终商品都会被机器人买走。那如果把桶的大小设置为 1，不就可以达到目的了吗？

再说一下令牌桶算法。

11.2.4 令牌桶算法

令牌桶算法的实现思路如图 11-4 所示。

1）按照特定的速度产生令牌（Token）并存放在令牌桶中，如果令牌桶满了，新的令牌将不再产生。

2）新进来的请求如果需要处理，则需要消耗桶中的一个令牌。

3）如果桶中有令牌，直接消耗一个。

4）如果桶中没有令牌，进入一个队列中等待新的令牌。

5）如果等待令牌的队列满了，新请求就会直接被抛弃。

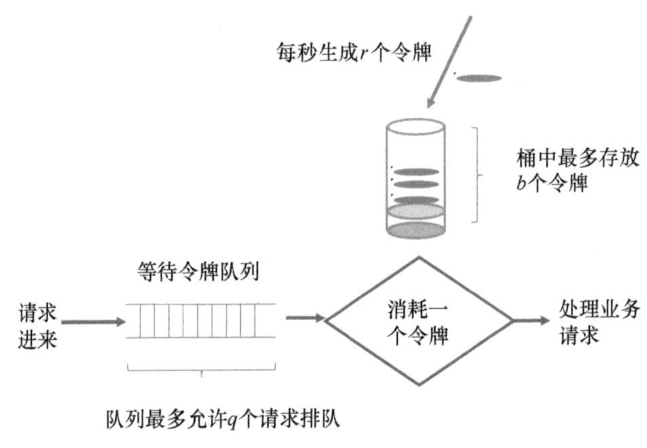

● 图 11-4 令牌桶示意图

再结合上面在一秒内控制 100 个请求的例子，如果使用令牌桶算法，则需要先把令牌的产生速度设置为 100 个/秒，等待令牌的排队队列设为 0，这样就能满足秒杀限流的需求了。

那令牌桶数量到底设置为多少呢？如果设置为 100，假设令牌在秒杀前已经产生，那么秒杀开始时请求数已经是 100 了，前 100 个请求就会被放行，也就是说机器人又抢到了所有商品。

此时可以设置令牌桶数量为 10，这样可以保证最多只有 10 个机器人抢到商品。

11.3 方案实现

理解限流的常见算法后，就可以进行方案实现了，需要考虑以下4个问题。

11.3.1 使用令牌桶还是漏桶模式

刚刚提到令牌桶算法与漏桶算法都可以满足需求，但是做限流时，项目组希望这个算法不仅可以用于秒杀功能，还可以用于其他限流场景。

而使用漏桶算法存在一个缺陷：比如服务器空闲时，理论上服务器可以直接处理一次洪峰，但是漏桶的机制是请求的处理速度恒定，因此，前期服务器资源只能根据恒定的漏水速度逐步处理请求，无法用于其他限流场景。

如果使用令牌桶算法就不存在这个问题了，因为可以把令牌桶一下子装满。因此，针对这个项目，最终使用的是令牌桶。

11.3.2 在 Nginx 中实现限流还是在网关层中实现限流

在上述业务场景中，最终决定在网关层实现限流，原因有两点。

1）Nginx 中有一个限流插件，它可以对单个用户的请求数做限制，不过它基于漏桶算法，而前面提过，这里希望使用令牌桶算法。

2）当时希望可以动态调整限流的相关配置，就是有一个界面，可以直接管理 Nginx 的配置。一般这种做法是通过 Nginx + Lua 实现的，但是因为团队对 Lua 不熟悉，所以配置人员无法直接操作 Nginx 中的数据。而团队对 Java 是很熟悉的。

基于以上两个原因，项目组最终选择在 Java 的网关层做限流。

11.3.3 使用分布式限流还是统一限流

网关层也是有负载均衡的，多个网关服务器节点可以共享一个令牌桶（统一限流），也可以每个节点有自己的令牌桶（分布式限流）。

如果使用分布式限流的方式，就需要提前计算服务器的数量，然后把100的TPS平分到各个服务器上进行一层换算。

如果使用统一限流的方式，可以把令牌桶的数据存放在 Redis 中，即每次请求都需要访问 Redis，因秒杀开始时下单的请求数往往很大，Redis 未必能承受住如此大的 QPS。

所以统一限流有一个风险，就是一旦 Redis 崩溃，限流就会失效，那后台的服务器就会被拖垮。

如果是分布式限流，假设有些节点失效了，那么其他节点还是可以正常工作的，这样导致的问题有两个。

1）部分网关层的负载增加。不管是统一限流还是分布式限流其实都有这个风险，因为在统一限流中网关服务器也可能崩溃。

2）后台处理 100 个请求的时间拉长。比如有 10 个网关，每个网关每秒通过 10 个请求，这样 1 秒内就有 100 个请求到后台服务器。假设其中 5 台失效，那么每秒只能通过 50 个请求，2 秒才能放行 100 个请求。不过这对当前的业务来说影响不大。

通过对以上问题的衡量，项目组最终决定使用分布式限流方式。

11.3.4 使用哪个开源技术

项目组最终使用开源库 Google-Guava 中 RateLimiter 的相关类来实现限流，它是基于令牌桶算法的实现库。这个库在限流场景中还是比较常用的。

使用 Google-Guava 时，先定义一个 Zuul 的过滤器（filter），再使用 Guava 的 RateLimiter 对提交订单的 API 请求进行过滤。

在使用 RateLimiter 的过程中，需要配置以下 3 项。

1）permitsPerSecond：每秒允许的请求数。

2）warmupPeriod：令牌桶多久满。

3）tryAcquire 的超时时间：当令牌桶为空时，可以等待新的令牌多久。

分别配置如下。

1）permitsPerSecond 设置为 100/10 = 10，100 代表想达到的 TPS，10 代表网关节点为 10 台，说明每秒可以产生 10 个令牌。

2）warmupPeriod 设置为 100 毫秒，代表从开始到令牌桶塞满需要 100 毫秒，即令牌桶的大小是 1，如果有 10 台网关服务器，那么总令牌桶的大小就是 10（前面提到过，为防止抢到物品的都是机器人，需要把令牌桶设置为 10）。

3）tryAcquire 的超时时间设置为 0，即拿不到令牌的请求直接抛弃，无须等待。

11.4 限流方案的注意事项

在做限流方案时，项目组也遇到过不少的陷阱，下面会把相关的注意事项罗列一下。

11.4.1 限流返回给客户端的错误代码

为了给用户带来好的体验，用户界面上尽量不要出现错误，因此限流后被抛弃的请求应该返回一个特制的 HTTPCODE，供客户端进行特殊处理。

而客户端拿到这个错误代码时，就可以展示专门的信息给用户，比如：很遗憾，商品已经秒光，您可以关注下次的秒杀活动。这是第一次秒杀活动的信息。

针对第二次秒杀活动，项目组又增加了如下提示：您可以在 10 分钟后过来，有些秒杀成功但是没有在 10 分钟内付款的用户，他们锁定的商品会被释放出来。

11.4.2 实时监控

在实际工作中，最好对限流日志随时做好记录并实时统计，这样有助于实时监控限流情况，一旦出现意外，可以及时处理。

11.4.3 实时配置

因为限流功能还需要应用到秒杀以外的场景，所以最好在配置中心就可以实现对令牌桶的动态管理 + 实时设置，这样也方便管理其他的限流场景。

11.4.4 秒杀以外的场景限流配置

在这次秒杀活动中，可以简单换算出需要控制数值为 100 的 TPS，而在平时的限流场景中，TPS 或 QPS（其他场景可能不使用 TPS）需要根据实际的压力测试结果来计算，从而进行限流的正确配置。

11.5 小结

此次方案上线的效果在第 10 章的秒杀架构中已经有过说明。

这一章的内容与第 10 章类似，但其原理部分的内容较难理解，不过只要理解了原理，相关的工具使用起来也就相当简单了。

Tips

面试官很喜欢问熔断与限流原理相关的问题，尤其是滑动时间窗口计数。这里列举几个在高并发场景下常见的相关问题。

1）在秒杀架构中怎么保证不超卖？

2）熔断是基于什么条件触发的？这个条件的数据又是怎么收集的？

3）限流和熔断有什么不同？你了解几种限流算法？用过哪种限流算法？为什么用这个算法？

4）项目中熔断（限流）的参数在上线后调整过吗？是根据什么调整的？调整后如何观察效果？

微服务的常见场景就介绍完了。

下面将进入第4部分微服务进阶场景实战。在展开下一个场景之前，先用专门的一章来介绍微服务的一些痛点。

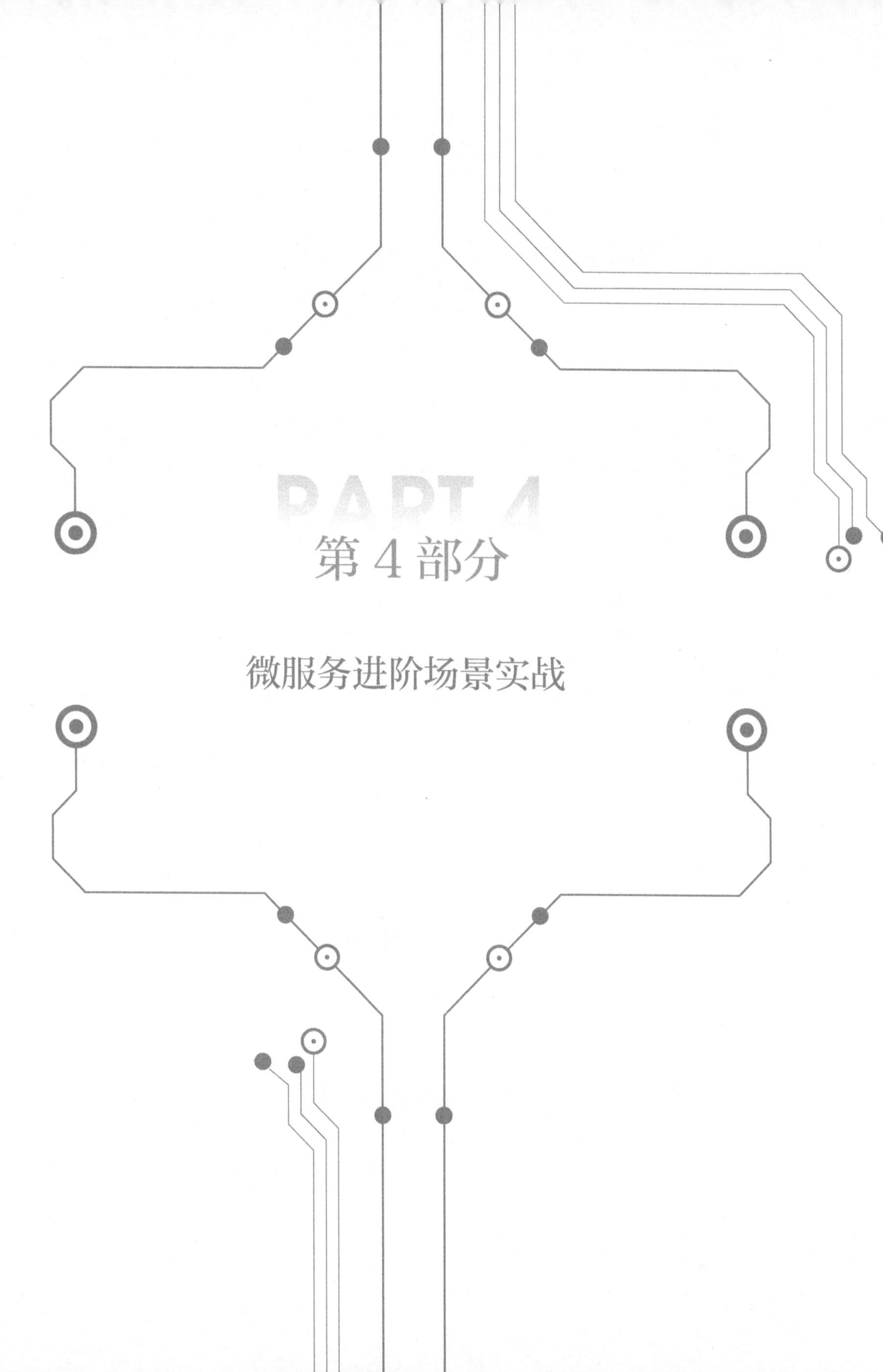

PART 4

第4部分

微服务进阶场景实战

第 12 章 微服务的痛：用实际经历告诉你它有多少陷阱

第 3 部分主要讲解了基于常见组件的微服务场景，因为目前已经有了一些比较流行的开源组件，所以只需要清楚组件的原理即可。从这一章开始，将进入第 4 部分——微服务进阶场景实战。

在介绍业务场景之前，先来谈谈微服务的概念和优缺点。

12.1 单体式架构 VS 微服务架构

为了快速理解单体式架构与微服务架构之间的区别，先来看一个新零售系统的例子。

某门店（门店分为自营店和加盟店）计划研发一款新零售系统进行商品售卖，它需要包含订单、营销、商品、门店、会员、加盟商等功能模块。

在搭建新零售系统架构时，如果使用单体式架构进行设计，它的架构如图 12-1 所示。

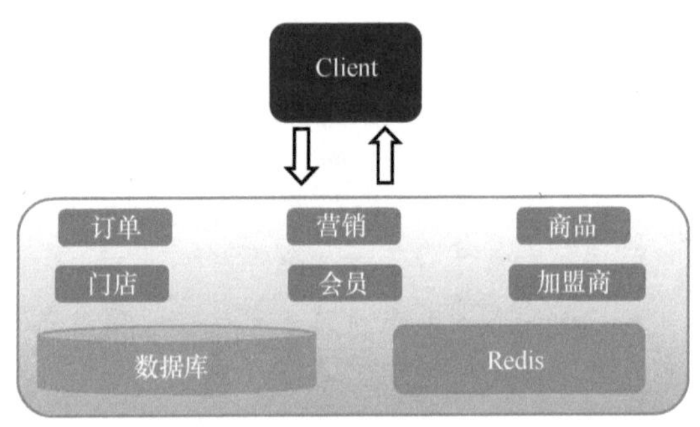

● 图 12-1　单体式架构示意图

从图 12-1 中发现，单体式架构将所有模块的代码存放在一个应用中，所有模块的数据存放在一个数据库中。在这种架构模式下，当业务功能增加到一定

程度时，只要稍微有点小改动，就有可能影响整个应用的其他功能，这种事情在笔者所在公司发生太多次了。虽然每次系统崩溃后都会进行复盘，后期需要Code Review（代码复查）、合理设计、仔细评估风险、共同评审方案，但是问题还是会发生。因此，随着风险控制流程的复杂化，代码发布的频率越来越低，最终导致系统无法迭代，而其他公司交付新功能的效率却是它的10倍以上。

面对这种情况，必须把各个模块的代码进行拆分，以免相互影响。于是把单体式架构拆分为图12-2所示的微服务架构。

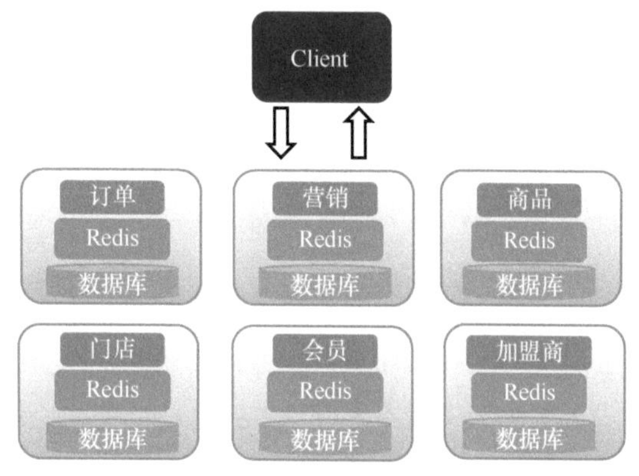

● 图12-2　微服务架构示意图

在上面的架构图中可以发现，一个应用被拆分成了6个应用，它们分别负责订单、营销、商品、门店、会员、加盟商等相关的业务逻辑，且每个模块的数据分别存放在不同数据库中。如果各个应用之间彼此存在依赖关系，则可以通过接口、消息、共享缓存、数据库同步等方式来解决。

12.2 微服务的好处

将单体式架构迁移到微服务架构后，确实带来了诸多便利，下面具体谈谈微服务的好处有哪些。

1）易于扩展：某个模块的服务器处理能力不足时，在该模块所处应用的服务器中增加节点即可。

2）发布简单：在单体式架构中，因为所有代码存放在一个应用中，所以每次发布代码时，需要将整个应用一起发布，使得所有团队人员都要配合集成测试、统一协调排期。但是迁移到微服务架构后，只需要保证对外契约不变即可，发布过程变得非常简单。

3）技术异构：因为各个服务之间相互独立、互不影响，所以只需要保证外部契约（一般指接口）不变即可，而内部可以使用各自不同的语言或框架。

4）便于重构：在单体式架构中，因为系统重构的影响面较大，所以在做任何改动时都要小心翼翼，以至于开发人员不敢尝试大的重构或优化，最终出现代码质量加速下降的情况。但是在微服务架构中，因为把模块间的影响进行了隔离，所以大大增加了重构的灵活性。

12.3 微服务的痛点

在产品研发过程中，引入一种技术来解决一个业务问题并不难，难的是能否合理评估技术风险，这个观点对微服务同样适用。因此，本节将专门讨论微服务会带来哪些问题，这部分内容不管是在面试中还是日常架构设计中，对大家的帮助都会非常大。

12.3.1 痛点：微服务职责划分

微服务的难点在于无法对一些特定职责进行清晰划分，比如某个特定职责应该归属于服务 A 还是服务 B？为了方便理解，下面举几个例子说明一下，微服务的职责划分是怎么演变成公司技术部门的陷阱的。

首先，微服务的划分原则都是很容易理解的。

1. 根据存放主要数据的服务所在进行划分

比如一个能根据商品 ID 找出商品信息的接口，把它放在商品服务中即可。再比如获取单个用户的所有订单，把它放在订单服务中即可。

2. 业务逻辑服务归属与业务人员的划分可能存在关系

比如每个商品在每个门店的库存应该放在商品服务还是门店服务？因为各个门店的商品库存由该门店的运营人员管理，最终可以把它放在门店系统中。

3. 业务逻辑服务归属与产品人员的划分可能存在关系

比如业务部门提出一个新需求，需要设计一个能对商品进行相关设置的功能，使得某些门店只能卖某些商品。

此时这个功能应该放在门店服务还是放在商品服务呢？这就需要看这个功能由哪条业务线的产品负责人负责了，比如，由商品系统的产品经理负责，就把它放在商品服务中；由门店的产品经理负责，就把它放在门店服务中。

4. 业务逻辑服务归属与工期可能存在关系

紧接着上面的例子——实现某些门店只能卖某些商品的需求。根据前面产品从属原则的划分逻辑，特定门店特定商品的上架功能放在门店服务中，因为特定商品由门店的运营人员负责上架。

但是这种划分逻辑会出现这样的情况：门店服务的开发人员很忙，没空接这个需求，而商品服务的开发人员刚好有空，但他们对门店服务的逻辑不了解。于是，商品服务的开发人员提议，如果想在两周内实现这个需求，则必须把这个功能放在商品服务中。这种方案看起来很不通用，不过最终他们确实把这个功能放在了商品服务中，因为再优雅的设计也抵不过业务部门要求的上线时间压力。

5. 业务逻辑服务归属还可能与组织架构存在关系

通过康威定律就能很快明白这一概念。

康威是个程序员，他在 1967 年提出：设计系统的组织在设计系统时，会设计出基于这些组织的沟通结构的系统。

关于微服务职责划分的痛点，通过前面几个例子的介绍，大家应该有所体会了，接下来再讲一个进销存供应链系统的例子，加深理解。

这里的“进”指的是供应商的采购，“销”指的是门店的销售单，“存”指的是一些中央仓库的库存，且进销存供应链系统与新零售系统之间紧密结合，对应的架构图如图 12-3 所示。

在这个架构中，原本门店的商品库存由门店运营人员（即新零售业务）负责，中央仓库库存由供应链人员管理。后来，不知什么原因领导要求更改供应链总监职责，此时供应链总监需要同时负责门店商品库存 + 中央仓库库存。

先来看看原职责划分情况，对应关系如图 12-4 所示。

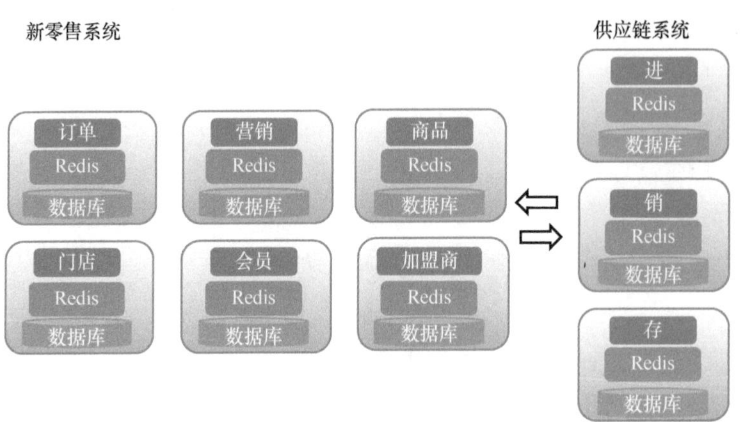

• 图 12-3　新零售和供应链系统关系

• 图 12-4　原职责划分

在图 12-4 中可以看到，在原有的组织架构中，新零售业务的产研只对接新零售业务，供应链业务的产研只对接供应链业务。现如今，门店库存管理职责需要划分到供应链业务中，也就是说新零售业务的产研不再负责这个需求，而是交由供应链业务的产研负责了。此时供应链业务的产研会把门店库存积极地迁移到供应链的库存管理中，因为门店库存管理好了，供应链业务方的绩效就好了，产研的绩效也高了，年终奖也就更多了。

因此，在现实场景中，微服务职责的划分会受太多人为因素的影响，大家也就能理解为什么现在关于服务职责划分原则的相关资料不太多。

12.3.2　痛点：微服务粒度拆分

微服务还有一个痛点，就是服务太多。这里通过一个加盟商的例子把服务粒度的内容详细介绍一下。

还是以上面的新零售系统为例。最初该系统只有登录和信息管理功能，把这些功能存放在一个服务中即可，实现起来比较简单。随着加盟商的加入，因为加盟商准入、开店、退出都涉及费用问题，因此又需要增加财务功能（如应收、应付、实收、实付、退款、对账等）。

随着业务的逐步开展，又需要增加加盟商员工管理（员工管理、部门管理、权限管理）、返点、加盟商子门店管理等功能，而此时的加盟商管理系统只有一个服务，这是不合适的。那微服务的粒度到底拆分到多细比较合适呢？比如，什么时候拆分加盟商服务比较合适，做加盟商的财务功能时还是加盟商的员工管理功能时？做加盟商的返点功能时还是加盟商的子门店管理功能时？

一般来说，在设计新功能之前，会遵循一个大致原则：根据新的微服务的大小，安排 3 ~ 4 人设计即可。

但是当一个微服务设计出来后，它的改动成本一般不高，除非实现大规模重构。为了防止开发人员出现闲置的情况，公司会安排他们设计新的功能，而设计新功能时，开发人员倾向于将独立的功能存放在新的服务中，导致加盟商的财务、员工管理及返点功能都被独立出来了。为了避免这种情况的发生，在对微服务粒度进行拆分时，还需要考虑另外一个因素——绩效。

大家都知道，开发人员的绩效很难实现量化，而微服务数可谓是一个难得的可量化指标。在规章制度上，虽然不会把微服务数列为一个 KPI（这样微服务数绝对会大增），但是开发人员在阐述个人工作量时偶尔还是会提微服务数，如果其他同事听后开始留心，潜意识里也喜欢做微服务，随着时间的推移，微服务就会越来越多，甚至出现人均 5 个微服务数的情况。

笔者公司后来注意到了这个问题。当这个问题在公开场合提出以后，团队又开始人为控制微服务数量，这种方式确实起到了一定的效果。

那微服务的粒度大小控制在什么范围比较合适呢？这就是一个痛点，因为没有确切的答案。

12.3.3 痛点：没人知道系统整体架构的全貌

是否碰到过这种情况：每隔几个月或半年，领导就会让汇报一下每个部门的微服务数量、公司微服务总数量、每个微服务都用来做什么等情况。因为企业微服务数较多，所以每次给领导汇报时，都有一个很长的清单。

然后领导开始抱怨："几百个微服务？系统这么复杂了吗？谁知道所有系统

的全貌？如果出现问题，你们如何快速定位问题？”此时几个负责人都难以回应，可能在想：“我连自己部门的微服务列表都没搞清楚。”

笔者在没有使用微服务的公司，首先会把公司的系统架构全貌搞清楚，之后一旦出现问题，也就容易定位故障点了。可是自从来到使用微服务的公司后，便再也没有这样的冲动了，只要熟悉自己负责的部分即可，如果出现问题就临时学习一下相关系统。

因此，在实际工作中，很难找到了解微服务系统架构全貌的人员，这就是微服务的一个痛点。

12.3.4 痛点：重复代码多

没有使用微服务的公司会把所有的代码放在了同一个工程中，如果发现某些代码可以重复使用，把这些代码抽取出来存放在 Common 包中即可。但是这种代码设计在微服务中经常会出现问题，这里还是举个例子说明一下。

比如某个团队做了一个日志自动埋点的功能，它能自动记录一些特定方法的调用。其他团队知道这个功能后，觉得很不错，想直接拿来用，于是埋点团队给出了 Maven 的声明。但是第一个吃螃蟹的团队使用后，很快出现了一个 JAR 版本冲突问题，这时如果他们将冲突的 JAR 进行升级，原始代码就不能使用了。为节省人力成本，他们只好询问埋点团队如何实现版本兼容。

为了兼容这个团队的 JAR 版本，自动埋点团队又重新设计了一版埋点的 JAR，并去掉了一些特定 API 的使用，两个团队终于可以正常使用了。

不过，第三个使用埋点 JAR 的团队又汇报了一个 JAR 版本冲突问题，此时自动埋点团队从投入产出比角度考虑，不得不放弃维护这个公用的 JAR，并直接告知其他团队：代码就在 Git 上，自己直接复制修改吧。因此，这个代码在不同团队的微服务中最终存在多个版本。

后来这些团队在复盘中得出结论：重用 JAR 本身没有错，错就错在使用的 JAR 版本太多了，必须改变这个局面。

于是他们将所有 JAR 版本进行统一的项目正式立项了，但是第二天，因为有紧急业务需求，项目搁置。又过了一段时间，有人提起了这个重要项目，结果因其他的紧急业务需求再次搁置。后来大家逐渐明白，这个项目没法做，因为投入产出比不高。

其实微服务之间存在重复的代码也没关系，因为部门之间的重复代码比比皆

是，而且技术中心每个部门都有自己 framework/Common/shared/arc 的 GitLabsub-groups，它们可以实现对部门内部的通用代码进行重用。

不过，在当时的项目里，维护这些不多的重复代码总比统一排期做重构、统一评审 JAR 版本的成本低得多。

12.3.5 痛点：耗费更多服务器资源

笔者曾在一家小公司做过一段时间技术顾问。该公司原来使用的是单体式架构，一共部署了5台服务器，后来他们一直抱怨系统耦合性太强，代码之间经常互相影响，并且强烈要求将架构进行迁移。

于是，他们根据业务模块把原来的单体式架构拆分成了6个微服务。考虑到高可用，每个服务至少需要部署在两个节点上，再加上网关层需要两台服务器，最终一共部署了15台服务器（因为其中一个服务比较耗资源，为了安全起见，多加了一个节点）。

在这个拆分过程中，业务没有变，流量没有变，代码逻辑改动也不大，却多出了9台服务器，为此，团队也发生过争执，当时的争议点是，如果是这种情形，就不应该一台服务器只部署一种服务，而是把服务 A、B 部署在一个节点，服务 B、C 部署在一个节点，服务 A、C 再部署在一个节点，如图12-5所示。

可是这个方案很快就被大家否决了，因为如果每个服务器只部署一种服务，服务器的名字直接以服务的名字命名就行，之后运维排查问题时也比较方便。那么，如果把不同的微服务混合部署，服务器又该如何命名呢？

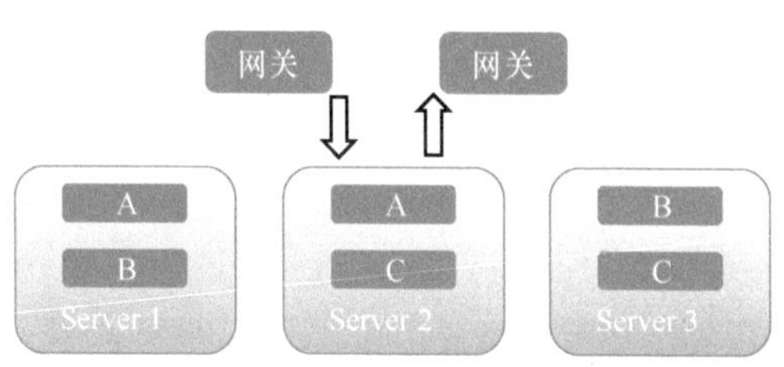

● 图12-5　混合部署示意图

于是有人提出："要不就这样吧，反正服务器比较便宜，多几台也无所谓。"大家纷纷附和赞同。公司就这样多了一笔开销（不过并不是只有小公司这样做，大公司同样如此，也经常会有人抱怨服务器资源不够用）。过了几天后，CTO 召集所有开发人员开会："这个季度的服务器预算太多了，财务部门审核不通过，你们需要想办法缩减一下服务器数量。”

会议结束后，大家各自回到工位，开始对每个服务进行检查，于是就有了下面这段对话。

甲：“这个服务怎么用了这么多台服务器？很耗资源吗？”

乙：“不是，主要是公司强制要求我们实现多数据中心部署。”

甲：“这个服务很重要吗？是内部使用的吗？”

乙：“是，这个目前只是开发人员在使用。”

甲：“那为什么要做负载均衡？只留一台吧。”

乙：“好吧。”

甲：“现在我们缩减多少台服务器了？”

乙：“……”

在笔者任职或合作过的公司中，这种情形很常见，因此不得不说微服务真的很耗服务器。

12.3.6 痛点：分布式事务

分布式事务这个痛点对于微服务来说，简直就是地狱。为了让你深刻理解这个痛点，先以一个笔者经历过的实际下单项目为例。

原本的下单流程是这样的：插入订单——>修改库存——>插入交易单——>插入财务应收款单——>返回结果给用户，让用户跳转。

单体式架构中，只需要把上面的下单流程包含在一个事务里就可以了，如果某个流程出错，直接回滚数据，并通过业务代码告知用户出错，让用户重试即可。

可是迁移到微服务后，因为这几个流程分别存放在不同的服务中，所以需要更新不同的数据库，也就需要考虑以下逻辑。

1）某个流程出错是否需要将数据全部回滚？如果需要，就要在每个流程中写上回滚代码。那万一回滚失败了呢？是不是还需要写回滚代码，回滚代码算回滚吗？或者是某些流程回滚，某些流程不回滚？那哪些流程回滚，哪些流程不回滚呢？

2）是否选择统一不回滚，失败就重试？这样岂不是需要做成异步？如果做成异步，会不会出现时间超时？如果超时了，用户怎么办？需要回滚吗？

如果只是某些特定的流程让人难以抉择也就罢了，但是这种分布式服务更新

数据的场景实在是太多了，如果每个场景都要考虑这些逻辑，团队肯定更痛苦，而且还要花时间沟通这些逻辑。

因此，针对这种情况，在大部分场景下不考虑回滚和重试，只考虑写“Happy Path”，如果报错就记录异常日志，再线下手工处理。

这个项目上线后的结果是，机房网络抖动是常有的事情，以至于数据更新总是出现异常，比如上游数据更新了，下游数据没有更新，出现了错误数据。

使用微服务时，分布式事务一直是痛点也是难点，因此痛定思痛，团队决定尽快解决这个问题，关于此问题的解决方案将在第 13 章和第 14 章中进行说明。

12.3.7 痛点：服务之间的依赖

在设计类时，往往需要遵循类与类之间不可循环依赖的原则，因此最终设计出来的类关系是层次分明的结构，如图 12-6 所示。

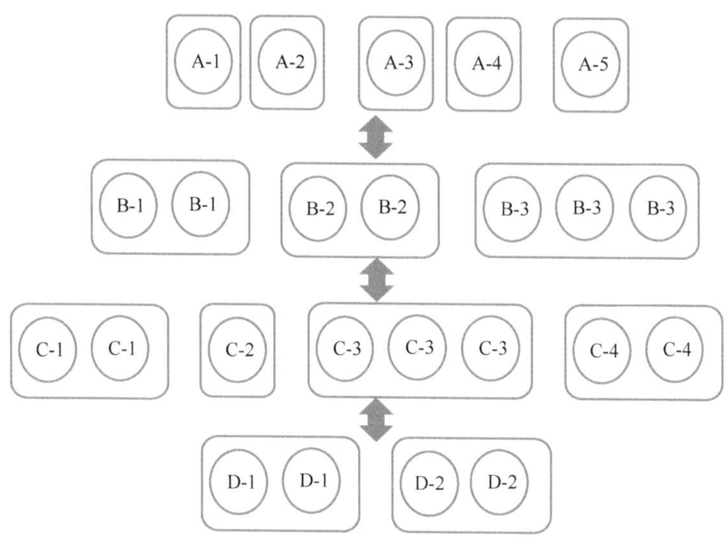

● 图 12-6 预期服务关系结构图

如果把依赖关系转移至微服务，结果会怎样呢？先举个例子。

比如商品系统针对不同门店类型设置不同价格时需要调用门店系统中的类，这时商品系统就依赖了门店系统；同时因门店系统中存在商品库存，门店系统也就依赖了商品系统的商品信息，从而形成了循环依赖。

再比如最底层的财务系统，从理论上讲，它不需要依赖其他系统。而实际上刚好相反，它必须依赖订单信息，比如费用由什么订单产生，同时它还需要依赖会员信息和门店信息，比如是谁付的钱和谁收的钱。

因此，随着需求越来越多，服务之间的依赖关系就会变成千丝万缕、难以理清的架构，如图 12-7 所示。

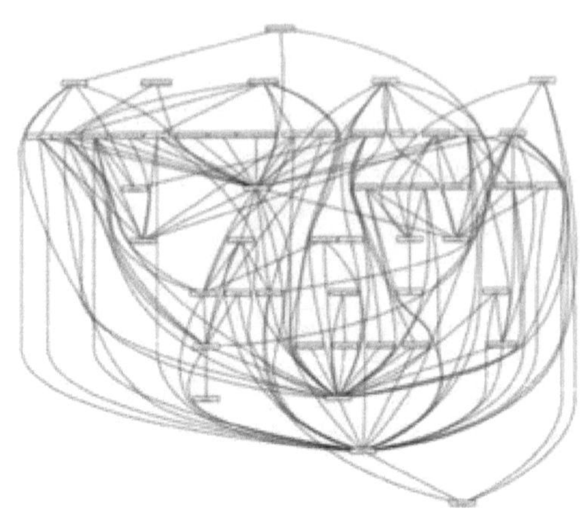

● 图 12-7　服务关系现实结构

通过图 12-7 发现，服务之间的依赖可谓是“你中有我，我中有你”。

那么这种复杂的依赖关系一般会出现什么问题呢？下面先来说说笔者的两次架构经历。

1. 重构时，为了评估影响面让各个团队鸡飞狗跳

项目组需要重构两个服务，因为系统已经上线了，为了保证重构不影响业务，就需要在测试过程中评估哪些服务会受影响。

因为之前一段时间线上环境已经出现了两次一级故障，所以 CTO 要求此次务必认真评估影响面，不能再出现类似问题。

于是一个 Leader 提出要求：先根据重构的代码找到受影响的接口，然后根据接口找到所有调用这些接口的上游代码，再找到那些调用上游接口的接口，以此类推。

由于该方案分析成本过高，且一旦出现遗漏就会前功尽弃，所以直接被 CTO 否决了。

最终有人提出了一个较合理的方案：根据全链路日志系统中的服务间依赖，找到这两个服务的所有上游服务及上游的上游服务。

对这个方案进行评估后，项目组发现重构后大半的微服务都会受到影响，于

是要上线的那几天，很多其他团队的人不得不一起通宵达旦地做回归测试。

2. 重构时，为了不影响其他团队，出现了很多版本

有了之前的教训，后续遇到新的重构需求时，项目组就直接把原来的服务 abcServiceV1 写成新服务 abcServiceV2，此时新的代码直接调用 V2 版本，而旧的代码继续调用 V1 版本，有时间再下架 abcServiceV1，这样就不用很多人陪着加班了。

后来 V1、V2 的形式越来越流行，服务数量出现暴涨。而且在实际开发工作中，开发人员很少在后期下架旧版服务，最终导致服务数量越来越多且新旧版本并存，维护起来更痛苦了。

以上就是服务之间的依赖导致的问题，这个问题的解决方案将在第 15 章进行讲解。

12.3.8 痛点：联调的痛苦

以往的需求排期是这样的：需求评审时间——>开发完成时间——>测试完成时间——>上线时间。

迁移到微服务后，需求排期增加了两个环节：需求评审时间——>接口设计时间——>开发完成时间——>联调完成时间——>测试完成时间——>上线时间。

在这种变化下，每次遇到比较紧急的需求时，都需要额外问一句：接口文档好了吗？联调怎么样了？

为什么这么在意联调？因为在一个软件项目中，影响项目排期的往往不是技术问题而是第三方依赖问题，一旦涉及沟通、协调等问题就会特别耗时间。

这里举一个例子简单说明。

有一次，门店系统正在进行小的需求改动，此时需要商品系统开发人员配合提供一个简单的接口，而商品系统的开发人员说："我们正在忙另外一个项目，周二抽空提供这个接口。"

门店系统开发人员简单评估一下上线周期：周二拿到接口，周三进行联调，周四、周五测试两天，应该周五晚上就可以上线了，于是向业务人员进行了相关反馈。

但是把门店系统的功能设计好后，因商品系统的开发人员开展的项目临时修改了一个紧急需求，要求周二务必通宵完成，为此，他们无法在周二给出接口，最终门店系统周五上线的计划就被延误了。

而这种事情在实际开发过程中经常发生，对工作效率影响不小。

下面再举一个例子来说明。

有一次，笔者所在团队正在做一个涉及30个服务的大项目。周五完成所有需求评审后，首要目标是核对接口文档。

因为接口文档是由各个项目组根据实际需求汇总的各自需要提供的接口，总计300多个接口，导致这个过程花了整整两周时间。

核对完接口文档后，十几个项目组之间又开始协调接口联调时间，这个过程又花了3天时间。对完接口后，各自开发功能的速度就很快了，这个阶段也花了两周时间。

对完接口后，在实际开发过程中接口还会修改吗？肯定会，而且增加、修改、删除接口都有可能。但是对完接口后，至少可以保证在大概一致的方向上前进，如果确实需要调整，修改的也只是一些小细节，并不会影响开发进度。所以这个核对接口的工作是值得的。

功能设计完成后，就需要进行联调了，而这个过程往往最耗时，因为需要耗费大量的时间在沟通上。可以通过下面这段对话感受一下。

调用方："addXXX的接口怎么样了？"

被调用方："好了，你可以调调看。"

调用方："不行啊，返回了404。"

被调用方："哎呀，环境部署错了，稍等一下。"

调用方："赶紧的。"

被调用方："好的。"

……

被调用方："好了。"

这时，调用方在联调时发现需要增加一个字段，就说："addXXX的接口需要增加一个修改时间字段，你帮我加一下。"

被调用方："可以，不过我正忙着另外一个项目，要不明天给你？"

调用方："别啊，今天必须联调完。"

被调用方："那我晚上赶一赶，9点给你行吗？"

调用方："好吧。"

所以，在做项目时最麻烦的事情之一就是协调时间，因为它不可控。毕竟每

个开发人员的需求优先级都不一样，除非所有相关项目组的第一优先级都相同，否则协调时间会是一件很让人头疼的事情。

而这个大项目共包含 300 多个接口，也就是说 300 多个接口都需要协调，这就使得联调的时间一点不比开发功能的时间少。

关于这个痛点，将在第 16 章中给出解决方案。

12.3.9 痛点：部署上的难题

使用单体式架构时，每个开发人员都想在本地把整个系统部署完后再调试，此时部署方式非常简单。可是迁移到微服务后，项目经常涉及 10 个以上的微服务，此时，如果让开发人员将这些微服务在本地部署完后再联调，根本无法实现。首先内存很可能不够，即使内存足够，也几乎没有开发人员会熟悉所有微服务的部署。

为此，可以专门建立一套测试环境供开发人员进行联调，这样开发人员就可以将本地正在开发的服务接入联调环境，如图 12-8 所示。

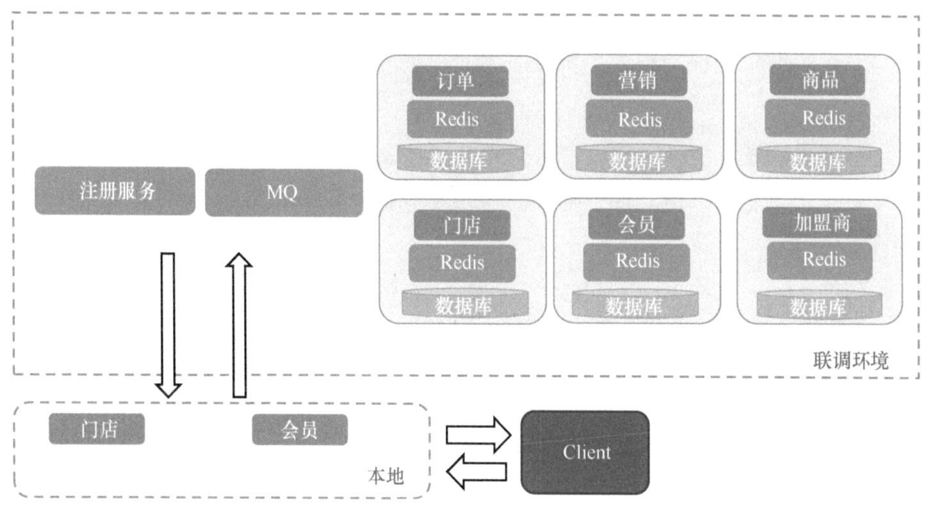

● 图 12-8　联调环境示意图

但是，这种架构有时候会出现以下 3 种问题。

1. 联调环境的数据缺漏非常多

因为联调接入的服务是本地开发过程中的服务，即数据是开发数据，所以单个服务中的数据不具备完整性。

而且因为是开发环境，导致上下游服务之间没有调通，比如订单系统中会出现上下游的单据也不一致、不完整的情况，即不是出现订单少了收款单的情况，就是出现准入少了审批单的情况。

2. 服务调用错误

经常会有人发出类似下面的抱怨。

甲："这个接口怎么有问题？你看，A 字段和 B 字段都缺失了。"

乙："怎么会呢？我明明加上去了。"

甲："你是不是忘记部署了？还是部署失败了？"

乙："我看看。"

甲："你是不是调用了 XXX 的服务？问一下 XXX。"

过了一会儿，乙过来说："还真是，他刚好在接入这个服务，我找他去。"

3. 联调环境极度不稳定

因为开发人员常常需要对联调中的服务进行部署，或者将不稳定的开发服务接入联调环境，再加上前面提及单个服务中的数据不具备完整性，所以，在联调环境下走完整个流程是不太可能的。为此，只能将联调环境用作接口间的局部联调。

这就是联调环境难以部署带来的痛点，导致太多时间花在协调问题上。那么有没有一个办法可以简单地创建一套相对独立的测试环境？这就是第 17 章将要分享的内容。

12.4 小结

讲到这里，微服务的 9 个痛点就讲完了。

有一段时间，笔者和同事们都抱怨领导太保守了，总是用一些守旧的技术，我们在公司学不到什么新技术。而笔者带团队的时候，组员也经常会反馈这个问题。

从个人立场来说，笔者也的确想尽可能地使用新技术，这样自身才能成长。但是从公司的角度来说，新旧系统兼容带来的额外维护成本，新技术的学习、试错成本，可能是个人感受不到的。但是，当你要对整个团队的技术负责时，你也会变得保守。

有位同事说得很好："程序员喜欢用新技术我能理解。但新技术层出不穷，迁移新技术用 3 年，结果 3 年后，更新的技术又出来了，这么多的技术负债谁来解决？你学到了新技术，去新公司用这些技术面试获得更高的岗位，可是旧公司的烂摊子谁来接？"

笔者并不反对使用前沿一些的技术，但对于新技术，要有敬畏心，除了知道它的优点，也要了解它的缺点。

所以这一章花了很长的篇幅来介绍笔者团队使用微服务时碰到的痛点。

那么，关于微服务的优势前面只讲了 5 点，而微服务的痛点讲了 9 点，为什么还要使用微服务？

如果使用单体式架构的话，随着业务的复杂化，将会出现无论怎么加人都无法迭代的情况。而如果使用微服务，虽然它存在很多问题，但是至少可以通过增加人力的方式来保持迭代。原因就这么简单，跟那些痛点无关。

微服务架构的痛点介绍完了，接下来开始讲一些进阶的微服务实战场景，看看如何解决本章提到的这些痛点。

第 13 章　数据一致性

前面总结了微服务的 9 个痛点，有些痛点没有好的解决方案，而有些痛点是有对策的，从本章开始，就来讲解某些痛点对应的解决方案。

这一章先解决数据一致性的问题，先来看一个实际的业务场景。

13.1 业务场景：下游服务失败后上游服务如何独善其身

第 12 章中讲过，使用微服务时，很多时候需要跨多个服务去更新多个数据库的数据，架构如图 13-1 所示。

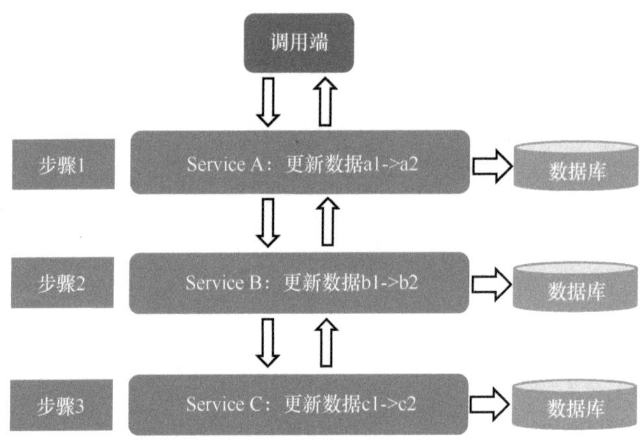

● 图 13-1　微服务上下游示意图

如图 13-1 所示，如果业务正常运转，3 个服务的数据应该分别变为 a2、b2、c2，此时数据才一致。但是如果出现网络抖动、服务超负荷或者数据库超负荷等情况，整个处理链条有可能在步骤 2 失败，这时数据就会变成 a2、b1、c1；当然也有可能在步骤 3 失败，最终数据就会变成 a2、b2、c1。这样数据就出错了，即数据不一致。

在本章所讨论的项目开始之前，因为之前的改造项目时间很紧，所以开发人员完全没有精力处理系统数据一致性的问题，最终业务系统出现了很多错误数据，业务部门发工单告知 IT 部门数据有问题，经过一番检查后，IT 部门发现是因为分布式更新的原因导致了数据不一致。

此时，IT 部门不得不抽出时间针对数据一致性问题给出一个可靠的解决方案。通过讨论，IT 部门把数据一致性的问题归类为以下两种情况。

1. 实时数据不一致可以接受，但要保证数据的最终一致性

因为一些服务出现错误，导致图 13-1 中的步骤 3 失败，此时处理完请求后，数据就变成了 a2、b2、c1，不过没关系，只需保证最终数据是 a2、b2、c2 即可。

在以往的一个项目中，业务场景是这样的（示例有所简化）：零售下单时，一般需要实现在商品服务中扣除商品的库存、在订单服务中生成一个订单、在交易服务中生成一个交易单这 3 个步骤。假设交易单生成失败，就会出现库存扣除、订单生成，但交易单没有生成的情况，此时只需保证最终交易单成功生成即可，这就是最终一致性。

2. 必须保证实时一致性

如果图 13-1 中的步骤 2 和步骤 3 成功了，数据就会变成 b2、c2，但是如果步骤 3 失败，那么步骤 1 和步骤 2 会立即回滚，保证数据变回 a1、b1。

在以往的一个项目中，业务场景类似这样：用户使用积分兑换折扣券时，需要实现扣除用户积分、生成一张折扣券给用户这两个步骤。如果还是使用最终一致性方案的话，有可能出现用户积分扣除而折扣券还未生成的情况，此时用户进入账户发现积分没有了，也没有折扣券，就会马上投诉。

那怎么办呢？直接将前面的步骤回滚，并告知用户处理失败请继续重试即可，这就是实时一致性。

针对以上两种情况，具体解决方案是什么呢？下面一起来看看。

13.2 最终一致性方案

对于数据要求最终一致性的场景，实现思路是这样的。

1）每个步骤完成后，生产一条消息给 MQ，告知下一步处理接下来的数据。

2）消费者收到这条消息，将数据处理完成后，与步骤 1）一样触发下一步。

3）消费者收到这条消息后，如果数据处理失败，这条消息应该保留，直到

消费者下次重试。

将 3 个服务的整个调用流程走下来，逻辑还是比较复杂的，整体流程如图 13-2 所示。

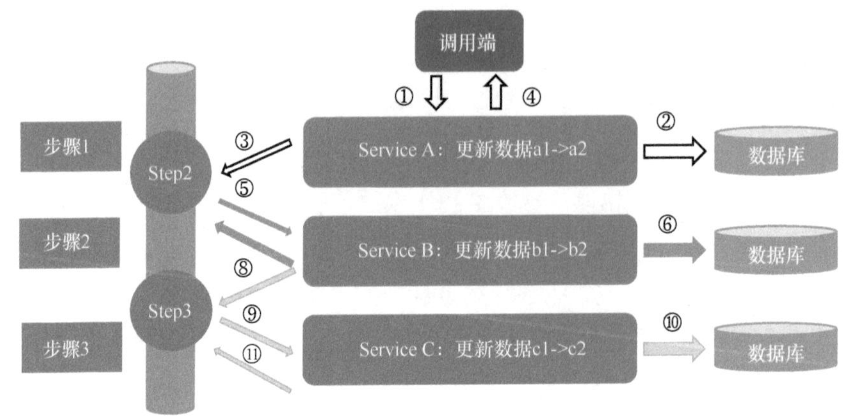

● 图 13-2　服务调用流程

详细的实现逻辑如下。

1）调用端调用 Service A。

2）Service A 将数据库中的 a1 改为 a2。

3）Service A 生成一条步骤 2（暂且命名为 Step2）的消息给 MQ。

4）Service A 返回成功信息给调用端。

5）Service B 监听 Step2 的消息，获得一条消息。

6）Service B 将数据库中的 b1 改为 b2。

7）Service B 生成一条步骤 3（暂且命名为 Step3）的消息给 MQ。

8）Service B 将 Step2 的消息设置为已消费。

9）Service C 监听 Step3 的消息，获得一条消息。

10）Service C 将数据库中的 c1 改为 c2。

11）Service C 将 Step3 的消息设置为已消费。

接下来要考虑，如果每个步骤失败了该怎么办?

1）调用端调用 Service A。

解决方案：直接返回失败信息给用户，用户数据不受影响。

2）Service A 将数据库中的 a1 改为 a2。

解决方案：如果这一步失败，就利用本地事务数据直接回滚，用户数据不受影响。

3）Service A 生成一条步骤 2）（Step2）的消息给 MQ。

解决方案：如果这一步失败，就利用本地事务数据将步骤 2）直接回滚，用户数据不受影响。

4）Service A 返回成功信息给调用端。

解决方案：不用处理。

5）Service B 监听 Step2 的消息，获得一条消息。

解决方案：如果这一步失败，MQ 有对应机制，无须担心。

6）Service B 将数据库中的 b1 改为 b2。

解决方案：如果这一步失败，则利用本地事务直接将数据回滚，再利用消息重试的特性重新回到步骤 5）。

7）Service B 生成一条步骤 3）（Step3）的消息给 MQ。

解决方案：如果这一步失败，MQ 有生产消息失败重试机制。若出现极端情况，服务器会直接崩溃，因为 Step2 的消息还没有消费，MQ 会有重试机制，然后找另一个消费者重新从步骤 5）执行。

8）Service B 将 Step2 的消息设置为已消费。

解决方案：如果这一步失败，MQ 会有重试机制，找另一个消费者重新从步骤 5）执行。

9）Service C 监听 Step3 的消息，获得一条消息。

解决方案：参考步骤 5）的解决方案。

10）Service C 将数据库中的 c1 改为 c2。

解决方案：参考步骤 6）的解决方案。

11）Service C 将 Step3 的消息设置为已消费。

解决方案：参考步骤 8）的解决方案。

以上就是最终一致性的解决方案，这个方案还有两个问题。

1）因为利用了 MQ 的重试机制，所以有可能出现步骤 6）和步骤 10）重复执行的情况，此时该怎么办？比如，上面流程中的步骤 8）如果失败了，就会从步骤 5）重新执行，这时就会出现步骤 6）执行两遍的情况。为此，在下游（步骤 6）和步骤 10））更新数据时，需要保证业务代码的幂等性（关于幂等性，在第 1 章提过）。

2）如果每个业务流程都需要这样处理，岂不是需要额外写很多代码？那是否可以将类似流程的重复代码抽取出来？答案是可以，这里使用的 MQ 相关逻辑在其他业务流程中也通用，这个项目最终就是将这些代码抽取出来并进行了封装。因为重复代码抽取的方法比较简单，这里就不展开了。

13.3 实时一致性方案

实时一致性其实就是常说的分布式事务。

MySQL 其实有一个两阶段提交的分布式事务方案 MySQL XA，但是该方案存在严重的性能问题。比如，一个数据库的事务与多个数据库间的 XA 事务性能可能相差 10 倍。另外，XA 的事务处理过程会长期占用锁资源，所以项目组一开始就没有考虑这个方案。

而当时比较流行的方案是使用 TCC 模式，下面简单介绍一下。

13.4 TCC 模式

在 TCC 模式中，会把原来的一个接口分为 Try 接口、Confirm 接口、Cancel 接口。

1）Try 接口：用来检查数据、预留业务资源。

2）Confirm 接口：用来确认实际业务操作、更新业务资源。

3）Cancel 接口：是指释放 Try 接口中预留的资源。

比如在积分兑换折扣券的例子中，需要调用账户服务减积分（步骤 1）、营销服务加折扣券（步骤 2）这两个服务，那么针对账户服务减积分这个接口，需要写 3 个方法，代码如下所示。

```
public boolean prepareMinus(BusinessActionContext businessActionContext, final String accountNo, final double amount) {
    //校验账户积分余额
    //冻结积分金额
}
public boolean Confirm(BusinessActionContext businessActionContext) {
    //扣除账户积分余额
    //释放账户,冻结积分金额
}
public boolean Cancel(BusinessActionContext businessActionContext) {
    //回滚所有数据变更
}
```

同样，针对营销服务加折扣券这个接口，也需要写 3 个方法，而后调用的大体步骤如图 13-3 所示。

● 图 13-3　账户和营销服务 TCC 处理流程

图 13-3 中，除 Cancel 步骤以外的步骤，代表成功的调用路径，如果中间出错，则去调用相关服务的回退（Rollback）方法进行手工回退。该方案原来只需要在每个服务中写一段业务代码，而现在需要分成 3 段来写，而且还涉及一些注意事项。

1）需要保证每个服务的 Try 方法执行成功后，Confirm 方法在业务逻辑上能够执行成功。

2）可能会出现 Try 方法执行失败而 Cancel 被触发的情况，此时需要保证正确回滚。

3）可能因为网络拥堵而出现 Try 方法调用被堵塞的情况，此时事务控制器判断 Try 失败并触发了 Cancel 方法，之后 Try 方法的调用请求到了服务这里，应该拒绝 Try 请求逻辑。

4）所有的 Try、Confirm、Cancel 都需要确保幂等性。

5）整个事务期间的数据库数据处于一个临时的状态，其他请求需要访问这些数据时，需要考虑如何正确被其他请求使用，而这种使用包括读取和并发的修改。

所以，TCC 模式是一个实施起来很麻烦的方案，除了每个业务代码的工作量乘 3 之外，还需要通过相应逻辑应对上面的注意事项，这样出错的概率就太高了。

后来，笔者在一篇介绍 Seata 的文章中了解到 AT 模式也能解决这个问题。

13.5 Seata 中 AT 模式的自动回滚

自动回滚对于使用 Seata 的人来说操作比较简单，只需要在触发整个事务的业务发起方的方法中加入@ GlobalTransactional 标注，并且使用普通的@ Transactional 包装好分布式事务中相关服务的相关方法即可。

对于 Seata 的内在机制，AT 模式的自动回滚往往需要执行以下步骤（分为 3 个阶段）。

阶段 1

1）解析每个服务方法执行的 SQL，记录 SQL 的类型（Update、Insert 或 Delete），修改表并更新 SQL 条件等信息。

2）根据前面的条件信息生成查询语句，并记录修改前的数据镜像。

3）执行业务的 SQL。

4）记录修改后的数据镜像。

5）插入回滚日志：把前后镜像数据及业务 SQL 相关的信息组成一条回滚日志记录，插入 UNDOLOG 表中。

6）提交前，向 TC 注册分支，并申请相关修改数据行的全局锁。

7）本地事务提交：业务数据的更新与前面步骤生成的 UNDOLOG 一并提交。

8）将本地事务提交的结果上报给事务控制器。

阶段 2

收到事务控制器的分支回滚请求后，开启一个本地事务，执行如下操作。

1）查找相应的 UNDOLOG 记录。

2）数据校验：将 UNDOLOG 中的后镜像数据与当前数据进行对比，如果存在不同，说明数据被当前全局事务之外的动作做了修改，此时需要根据配置策略进行处理。

3）根据 UNDOLOG 中的前镜像数据和业务 SQL 的相关信息生成回滚语句并执行。

4）提交本地事务，并把本地事务的执行结果（即分支事务回滚的结果）上报事务控制器。

阶段 3

1）收到事务控制器的分支提交请求后，将请求放入一个异步任务队列中，并马上返回提交成功的结果给事务控制器。

2）异步任务阶段的分支提交请求将异步、批量地删除相应的 UNDOLOG 记录。

以上就是 Seata AT 模式的简单介绍。

13.6 尝试 Seata

当时，虽然 Seata 还没有更新到 1.0，且官方也不推荐线上使用，但是项目组最终还是使用了它，原因如下。

1）因为实时一致性的场景很少，而且发生频率低，所以并不会大规模使用，影响面在可控范围内。如果实时一致性的场景发生频率高，并发量就高，业务人员对性能的要求也高，此时就会与业务沟通，采用最终一致性的方案。

2）Seata AT 模式与 TCC 模式相比，只有增加一个@ GlobalTransactional 的工作量，因此两者的工作量相差很多，也就是说，对项目组来说，投入产出比更高，值得冒险。这可能也是 Seata 发展很快的原因之一。

虽然 Seata AT 模式有些小缺陷，但是瑕不掩瑜。

13.7 小结

最终一致性与实时一致性的解决方案设计完成后，不仅没有给业务开发人员带来额外工作量，也没有影响业务项目进度的日常推进，还大大减少了数据不一致的出现概率，因此数据不一致的痛点得到了较大缓解。

接下来讲另一个痛点：某个服务需要依赖其他服务的数据，所以需要额外编写很多业务逻辑，这种问题如何解决？

第 14 章 数据同步

上一章讲解了数据一致性的解决方案，这一章来讲讲服务之间的数据依赖问题，还是先来说说具体的业务场景。

14.1 业务场景：如何解决微服务之间的数据依赖问题

在某个供应链系统中，存在商品、订单、采购这 3 个服务，它们的主数据部分结构表如下。

1. 商品表

商品 ID	名称	分类	型号	生产年份	编码

2. 订单表和子订单表

订单 ID	下单时间	客户	总金额
子订单 ID	商品 ID	单价	数量

3. 采购单表和采购子订单表

采购单 ID	下单时间	供应商	总金额
采购子订单 ID	商品 ID	单价	数量

而在设计这个系统时，需要满足以下两点需求。

1）根据商品的型号、分类、生成年份、编码等查找订单。

2）根据商品的型号、分类、生成年份、编码等查找订单或采购单。

初期方案是这样设计的：首先，按照严格的微服务划分原则，把商品相关的职责放在商品服务中，所以在订单与采购单查询过程中，如果查询字段包含商品字段，就按照如下顺序进行查询。

1）先根据商品字段调用商品服务，然后返回匹配的商品信息。

2）在订单服务或采购服务中，通过 IN 语句匹配商品 ID，再关联查询对应的单据。

订单的整个查询流程如图 14-1 所示。

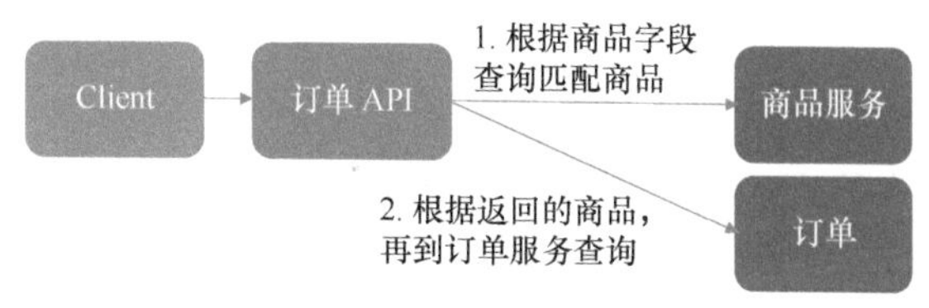

● 图 14-1　查询流程

初期方案设计完成后，很快就碰到了一系列问题。

1）随着商品数量的增多，匹配到的商品越来越多，于是订单和采购服务中包含 IN 语句的数据查询效率越来越低。

2）商品服务作为一个核心服务，依赖它的服务越来越多，同时随着商品数据量的增长，商品服务开始不堪重负，响应也变慢，还存在请求超时的情况。

3）因为商品服务超时，使得依赖它的服务处理请求也经常失败。

这就导致业务方查询订单或者采购单时，每次只要加上商品 ID 这个关键字，查询效率就会很低，而且经常失败，于是团队想出了一个新的方案——冗余。

14.2 数据冗余方案

数据冗余方案即在订单、采购单中保存一些商品的字段信息，具体如下。

1. 商品表

商品 ID	名称	分类 ID	型号	生产批号 ID	编码

2. 订单表和子订单表

订单 ID	下单时间	客户	总金额				
子订单 ID	商品 ID	单价	数量	商品名称	商品分类 ID	商品型号	生产批号 ID

3. 采购单表和采购子订单表

采购单 ID	下单时间	供应商	总金额				
采购子订单 ID	商品 ID	单价	数量	商品名称	商品分类 ID	商品型号	生产批号 ID

通过这样的方案，每次查询订单或采购单时，就不需要依赖商品服务了，但是商品如果有更新，怎么同步冗余的数据呢？有两种处理办法。

1）每次更新商品时，先调用订单与采购服务，然后更新商品的冗余数据。

2）每次更新商品时，发布一条消息，订单与采购服务各自订阅这条消息，再各自更新商品的冗余数据。

第 13 章中讲解数据一致性问题时曾提到过类似的场景。

那么这两种处理办法会出现什么问题？

先说说第一种处理办法：如果商品服务每次更新商品时，都需要调用订单与采购服务，然后再更新冗余数据，则会出现以下两个问题。

1）数据一致性问题：如果订单和采购服务的冗余数据更新失败，整个操作就要回滚，商品服务的开发人员肯定不希望如此，因为冗余数据并又不是商品服务的核心需求，为什么要因为边缘流程而阻断了自身的核心流程？

2）依赖问题：从职责来说，商品服务应该关注商品本身，但是现在商品服务还需要调用订单、采购的服务。而且作为一个核心服务，依赖它的服务太多了，即后续每次商品服务更新商品时，都需要调用订单冗余数据更新、采购冗余数据更新、门店库存冗余数据更新、运营冗余数据更新等众多服务。

商品服务本意是要设计成底层服务，但是如果使用这种方案，它要依赖于很多其他服务，与原来作为底层服务的初衷相悖。因此，第一个方案直接被否决了。

下面讲第二种处理办法。通过消息发布订阅的方案有以下几点好处。

1）商品无须再调用其他服务，它只需要关注自身的逻辑，最多生成一条消息到 MQ。

2）如果订单、采购等服务的冗余数据更新失败了，只需要使用消息重试机制就可以保证数据的一致性。

此时方案的架构如图 14-2 所示。

这样的方案已经比较完善了，而且开发人员基本都是这么做的，不过这个方案存在以下几个问题。

1）商品表的冗余数据需要更新（商品分类 ID 和生产批号 ID）。

在这个项目中，仅仅把冗余数据进行保存远远不够，还需要将商品分类与生产批号的清单进行关联查询。也就是说，每个服务不仅要订阅商品变更一种消息，还需要订阅商品分类、商品生产批号的变更消息。

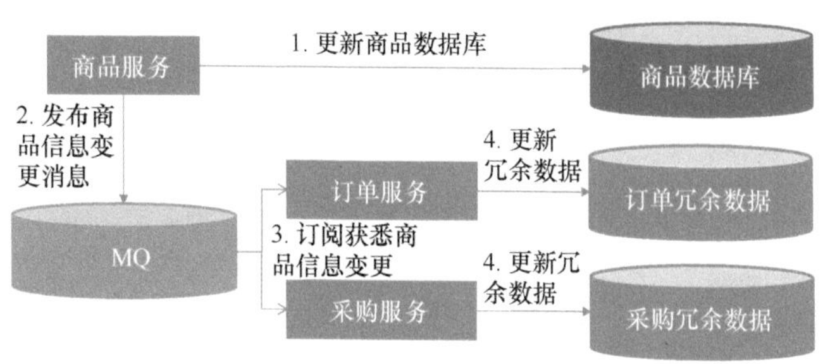

● 图 14-2　基于消息订阅的数据同步方案

而且这里只是列举了一部分的结构，事实上，商品表中还有很多其他的字段是冗余的，比如保修类型、包换类型等。为了更新这些冗余数据，采购服务与订单服务往往需要订阅近 10 种消息，基本上要把商品的一小半逻辑复制过来。

2）每个依赖的服务需要重复实现冗余数据更新同步的逻辑。前面讲过，采购、订单及其他的服务都需要依赖商品数据，因此每个服务都需要把冗余数据的订阅、更新逻辑做一遍，最终重复代码就会很多。

3）MQ 消息类型过多。联调时最麻烦的是 MQ 之间的联动，如果是接口联调还比较简单，因为调用服务器的接口相对可控而且比较容易追溯，但是如果是消息联调，因为经常不知道某条消息被哪台服务节点消费了，为了让特定的服务器消费特定的消息，就需要临时改动双方的代码，然而联调完成后，开发人员常常忘记把代码改回来。

因为并不希望出现这么多消息，特别是冗余数据这种非核心需求，最终项目组决定使用一个特别的同步冗余数据的方案，接下来进一步说明。

14.3 解耦业务逻辑的数据同步方案

解耦业务逻辑的数据同步方案设计思路是这样的。

1）将商品及商品相关的一些表（比如分类表、生产批号表、保修类型、包换类型等）实时同步到需要依赖和使用它们的服务的数据库，并且保持表结构不变。

2）在查询采购、订单等服务中的数据时，直接关联同步过来的商品相关表。

3）不允许采购、订单等服务修改商品相关表。

此时，整个方案架构如图 14-3 所示。

以上方案能轻松避免以下两个问题。

1）商品无须依赖其他服务，如果其他服务的冗余数据同步失败，它也不需要回滚自身的流程。

2）采购、订单等服务无须关注冗余数据的同步。

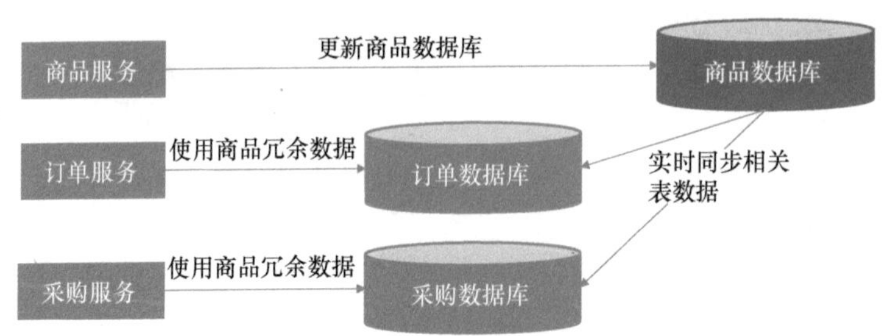

● 图 14-3　解耦业务逻辑的数据同步方案

这个方案的缺点是增加了订单、采购等数据库的存储空间（因为增加了商品相关表）。

计算后会发现，之前数据冗余的方案中每个订单都需要保存一份商品的冗余数据，假设订单总量是1000万，商品总数是10万。如果采用之前数据冗余的方案，1000万条订单记录就要增加1000万条商品的冗余数据，相比之下，目前的方案更省空间，因为只增加了10万条商品的数据。

那么如何实时同步相关表数据呢？请看下节讲解。

14.4 基于 Bifrost 的数据同步方案

14.4.1 技术选型

项目组决定找一个开源中间件，它需要满足以下5点要求。

1）支持实时同步。

2）支持增量同步。

3）不用写业务逻辑。

4）支持 MySQL 之间的同步。

5）活跃度高。

根据这些要求，可以选用以下几个开源中间件：Canal、Debezium、DataX、Databus、Flinkx、Bifrost。这些中间件的对比结果见表 14-1。

表 14-1　数据同步中间件对比

特性	Canal	Debezium	DataX	Databus	Flinkx	Bifrost
实时同步	支持	支持	不支持	支持	支持	支持
增量同步	支持	支持	不支持	支持	支持	支持
写业务逻辑	自己写保存变更数据的代码	自己写保存变更数据的代码	不用写	自己写保存变更数据的代码	自己写保存变更数据的代码	不用写
是否支持 MySQL	支持	支持	支持	支持	支持	支持
活跃度	高	高	高	不高	一般	可以

从以上对比来看，比较贴近场景需求的是 Bifrost。

其实 Bifrost 是一个相对比较年轻的中间件，而且它不支持集群。那为什么使用它呢？原因如下。

1）它的界面管理比较方便。

2）它的架构比较简单，出现问题后，可以自己调查问题，相对比较可控。之后即使作者不维护，团队也可以自己维护起来。

3）作者更新很活跃。

4）自带监控报警功能。

项目组最终决定使用 Bifrost，此时整个方案的架构如图 14-4 所示。

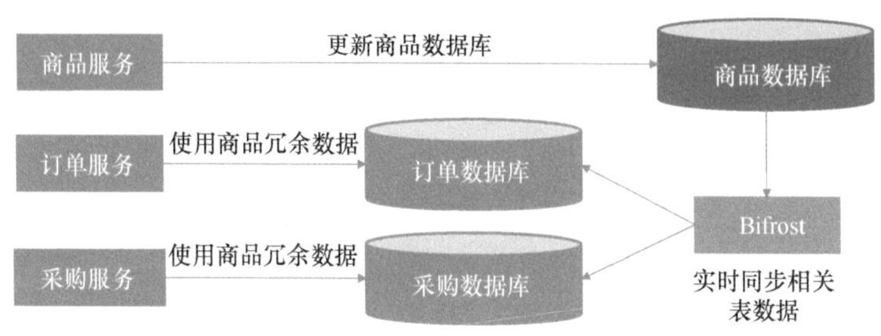

● 图 14-4　基于 Bifrost 的数据同步方案架构

14.4.2　Bifrost 架构

在使用这个技术之前，还是要了解一下它的基本原理。Bifrost 架构图如图 14-5 所示。

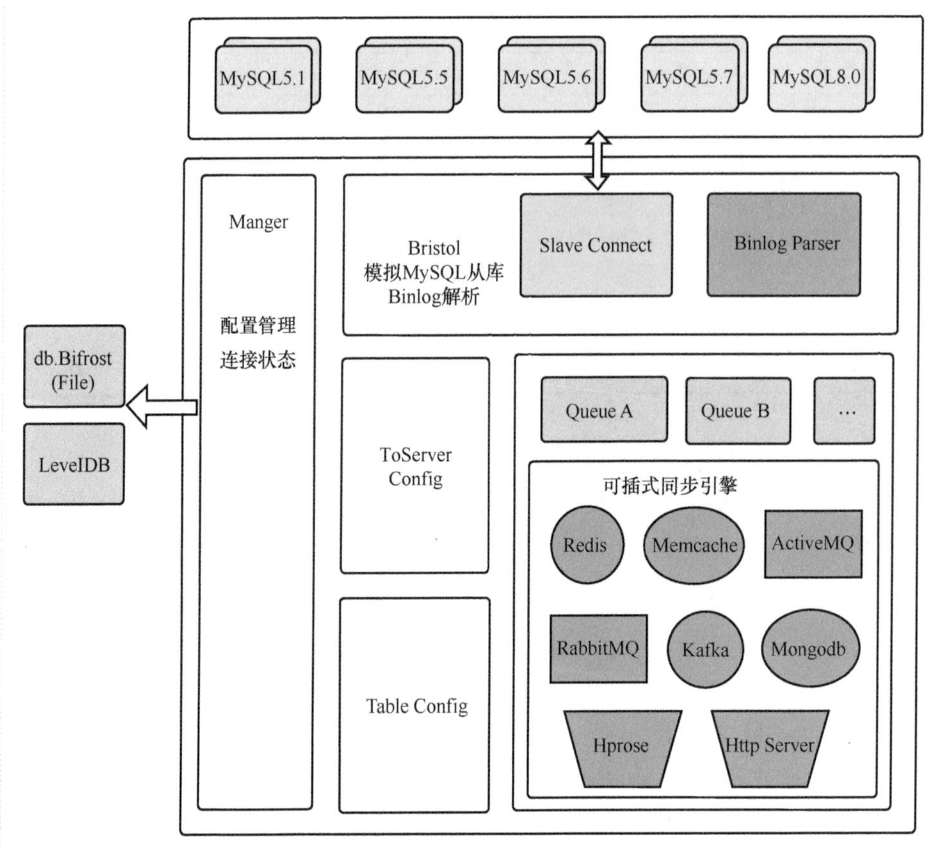

● 图 14-5 Bifrost 架构图

可以看出，Bifrost 其实也是模拟成 MySQL 的从库，监听源数据库的 Binlog，然后再同步到目标数据库。它支持多种目标数据库，本项目是从 MySQL 同步到 MySQL。

14.4.3 注意事项

使用数据同步这个方案时，应该注意什么？

1. 数据同步的延时

这个数据同步方案是有一定延时的，所以如果业务对同步功能有高时效的要求，那么尽量不要使用这个方案。

举个例子，这里虽然同步了商品的数据到订单数据库，但是订单服务当中，如果提交订单需要检查库存的话，不建议把库存数据同步到订单数据库里，而是让订单服务每次都去请求商品数据库的库存。

所以，其实同步过来的数据基本上只是用来展示、查询的，不涉及业务数据变更。

2. 同步过来的数据是只读的

因为这里的数据同步是单向的，所以目标数据库中同步过来的数据是不能修改的。在这个方案里，肯定不会去修改订单数据库里面同步过来的商品数据。也有一些其他场景，比如同步一些基础配置或者公用数据到各个数据库，而后在使用这些同步数据时，可能会发现一些遗漏，比如城市/区/县数据，这种情况下，也不能直接在业务数据库里修改，而是应该通知提供数据的系统去修改，之后再同步过来。

3. 监控一定要到位

Bifrost 不是高可用的，它本身也提供了一些告警的功能。除了依赖它本身的告警功能以外，还要额外监控 Bifrost 这个服务的状态，确保它出现异常时能及时发现。Bifrost 本身也提供了 API 接口，用来让第三方的监控对接。

4. 核心逻辑不建议依赖同步数据

因为同步过来的数据是有延时的，并且 Bifrost 本身没有设计高可用，所以并不推荐在核心逻辑上使用同步的数据。

Tips

什么是核心逻辑？举两个例子。

1）比如前面说的订单提交前，要确保不超卖，就需要检查库存的情况。那么，应该直接去访问查询库存的服务，而不应该依赖同步过来的数据（其实也没有把库存同步过来）。

2）权限的检查。不推荐把权限数据直接同步到业务系统让其直接使用。

14.5 小结

系统上线后，商品数据的同步比较稳定。之后，商品服务的开发人员只需要关注自己的逻辑，无须关注使用数据的人。如果需要关联使用商品数据的采购单，采购服务的开发人员也不需要关注商品数据的同步问题，只需要在查询时加上关联语句即可，算是一个双赢的结局。

唯一遗憾的是 Bifrost 不是集群，无法应对高可用场景。不过，到目前为止，这个系统还没有出现宕机的情况，反而是那些部署多台节点负载均衡的后台服务常常出现这种情况。

Bifrost 的作者也介绍了他为什么没有设计集群（https://wiki.xbifrost.com/other/cluster_why_not/），部分引用如下。

在实际工作中，项目组很大一部分时间其实都是在处理线上高可用、分布式遇到的各种问题。

工作经验告诉我们，很多开源系统的高可用可能并不是我们想象中的那样高可用，尤其是那些对数据一致性有要求的场景，会存在很多问题。

在实际工作中，绝大多数一开始就使用各种分布式、高可用设计的项目，最后都失败了。

功能很多，又使用分布式和高可用，很难排查问题。

Bifrost 是一个面向生产环境的产品，对生产环境抱有敬畏之心。

Bifrost 并不想在一个项目刚开始的时候，就进行各种分布式、高可用等设计。

这些描述不一定准确，但是笔者的确碰到过两次“高可用最终并不是真正的高可用”的情况，所以那时候就想在系统当中引入一个非高可用的中间件进行尝试。当然，为了保证系统出错以后能够及时解决，也做了很多定制的监控。

事实证明，高可用不一定真的高可用，单机也未必不能高可用。当然，也不能以偏概全地说高可用设计没有必要，那就因噎废食了，这种状况毕竟只是特例。而且，项目组也随时准备着改造这个中间件，增加灾备能力。

不管怎么样，项目组最终解决了服务之间数据依赖的问题。接下来，就要直接面对服务之间逻辑或流程上依赖的问题了。

第 15 章 BFF

第 14 章处理了服务间数据依赖的场景。除了这种频繁需要其他服务的数据的场景，其实还会碰到服务间依赖太杂乱的问题。本章讨论的就是如何缓解服务依赖复杂度的问题。

先把整个业务场景描述一下。

15.1 业务场景：如何处理好微服务之间千丝万缕的关系

本节所讲的系统包含商品、订单、加盟商、门店（运营）、工单（门店）这几个服务，其他服务就不细说了。

除了一个 App 面向客户以外，还有一个 App 是给公司的员工和加盟商的员工使用的。里面有各种角色的用户，比如总部商品管理、总部门店管理、加盟商员工、门店人员等。当然，每个部门里面还会细分角色。

后台服务架构如图 15-1 所示。

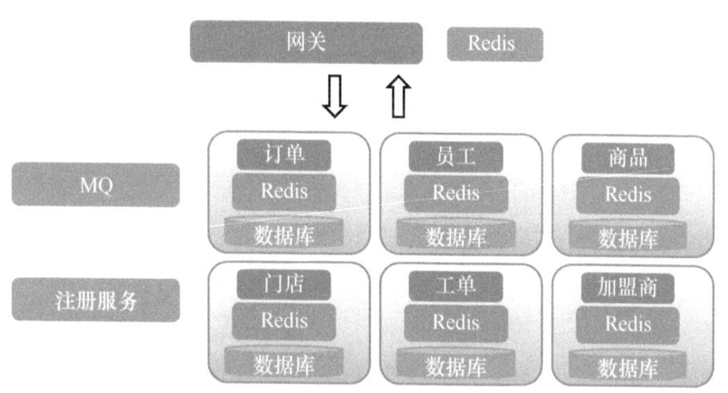

● 图 15-1　后台服务架构

其中，网关层负责如下工作。

1）路由：所有的请求都会通过网关层，网关层再根据URI把请求指向对应的后台服务，如果同一个服务有多个服务器节点，网关层还会做一些负载均衡的工作。

2）认证：对所有的请求进行集中认证鉴权。

3）监控：记录所有的API请求数据，API管理系统可以对API调用进行管理和性能监控。

4）限流熔断：当流量过大时，可以在网关层做限流。当后台服务出现响应延时或者故障时，可以主动熔断，保护后端的服务资源，同时，防止影响用户体验。

该架构看起来非常完美，有些类似于Spring Cloud标准架构，但它也存在一些问题。下面举两个例子。

1）有很多页面需要显示多个服务的数据。比如App首页，它要根据用户的不同来显示不同的信息。如果是门店运营人员，就要显示工单数量、最近的工单、销售订单数据、最近待处理的订单、低于库存安全值的商品等。

2）很多时候，用户的一个提交操作需要修改多个服务的数据。比如一个工单操作要修改库存、销售订单状态、工单的数据。

那么，第一个问题出现了：这两种情况要调用的接口做在哪个服务上？

接口设计过程中，经常需要纠结这个问题。当然，最终总能达成共识——第一个接口做在门店服务上，变成图15-2所示的调用关系；第二个接口做在工单服务上，变成图15-3所示的调用关系。

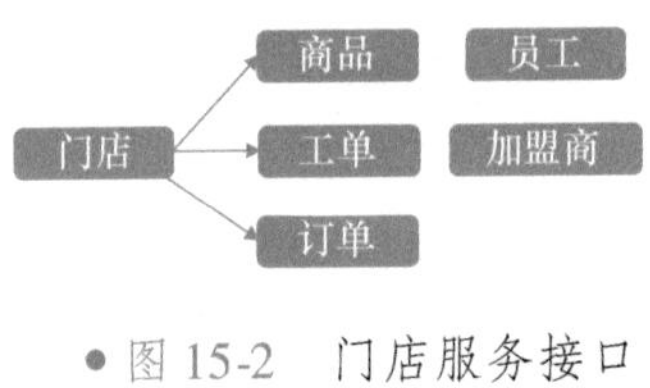

• 图15-2　门店服务接口

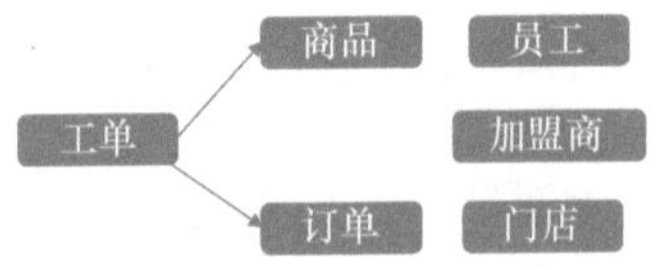

• 图15-3　工单服务接口

接下来讲第二个问题。因为这样的需求非常多，所以服务经常会来回调用，最终服务调用关系就会变得纠缠不清，如图 15-4 所示。

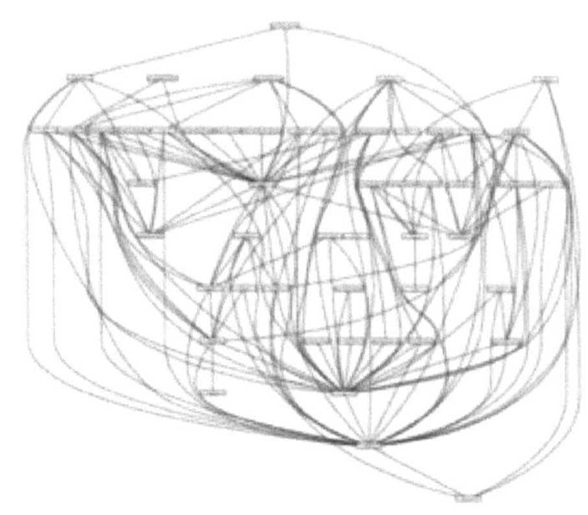

● 图 15-4 服务调用关系

这种复杂的依赖给迭代带来了地狱般的感受，这一点在第 12 章中有详细的描述，这里不再赘述。

所以总结一下，目前要解决两个问题。

1）对于很多页面要用的接口，都要考虑放在哪个后台服务，这导致决策效率低下，也导致一些职责划分不统一。

2）服务之间的依赖非常混乱。

为了解决这两个问题，项目组决定抽象出一个 API 层。

15.2 API 层

一般来说，客户端的接口会有以下需求。

1）聚合：一个接口需要聚合多个后台服务返回的数据，然后再返回给客户端。

2）分布式调用：一个接口可能需要依次调用多个后台服务，去修改多个后台服务的数据。

3）装饰：一个接口需要重新装饰一下后台返回的数据，删除一些字段，或者对某些字段再加一个封装，组成客户端需要的数据。

项目组决定在客户端和后台服务之间增加一个新的 API 层，专门来做这些事情，此时架构如图 15-5 所示。

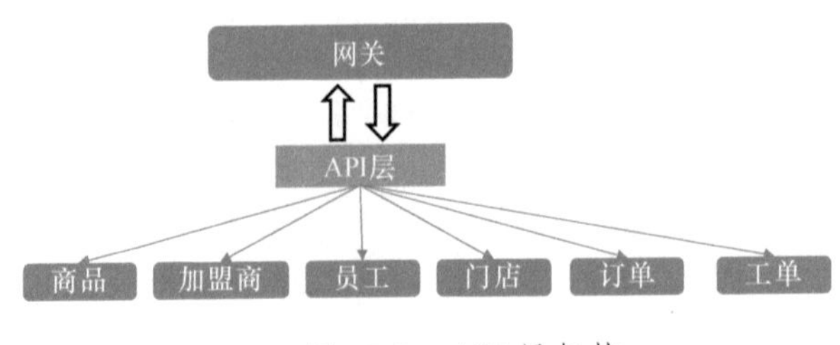

● 图 15-5　API 层架构

所有的请求经过网关后都由一个共用的 API 层进行处理，这个 API 层没有自己的数据库，它做的事情就是去调用其他后台服务。

这样的设计至少解决了两个问题。

1）纠结某个接口该放在哪个服务的情况大幅减少了。如果是聚合、装饰、分布式调用的逻辑，就都放在 API 层；如果是要落库或者查询数据库的逻辑，就看目标数据放在哪个服务，数据在哪里，逻辑就在哪里。

2）后台服务之间的依赖也大幅减少了。目前的依赖关系只有 API 层去调用各个后台服务，后台服务之间的调用关系减少了。

架构看起来更完美了一些，但是会面临新的问题。

15.3 客户端适配问题

一般来说，有一系列的接口给各种客户端调用，比如 App、H5、PC 网页、小程序等。正常来说，调用关系如图 15-6 所示。

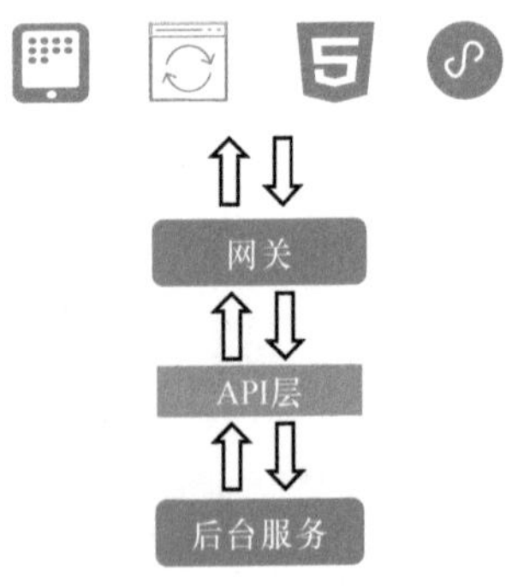

● 图 15-6　多种客户端调用关系

但是，这样的设计会有 3 个问题。

1）不同客户端的页面可能是不一样的，比如 App 的功能比较多，就会要求页面当中包含一些信息；小程序要求比较轻量化，同样的页面就会少一些数据。这样的问题会导致后台服务的同一个 API 需要为不同的客户端做不同的适配。

2）客户端经常做一些轻微的改动，比如加一个字段、减一个字段。客户端的接口都要求降低响应速度，为此需要遵循数据最小化原则。所以，伴随客户端这些细微但频繁的改动，后台服务也经常要发布新版本。

3）结合 1）和 2），后台服务的版本发布又要同时考虑不同客户端的兼容问题，无形中又增加了复杂度。

为了解决这些问题，可以考虑使用 BFF。

15.4 BFF（BackendforFront）

BFF 不是一个架构，而是一个设计模式。

它的主要理念是专门为前端设计优雅的后台服务（也就是 API）。换句话说，就是每一种客户端有自己的 API 服务。这样调用关系就变成图 15-7 所示。

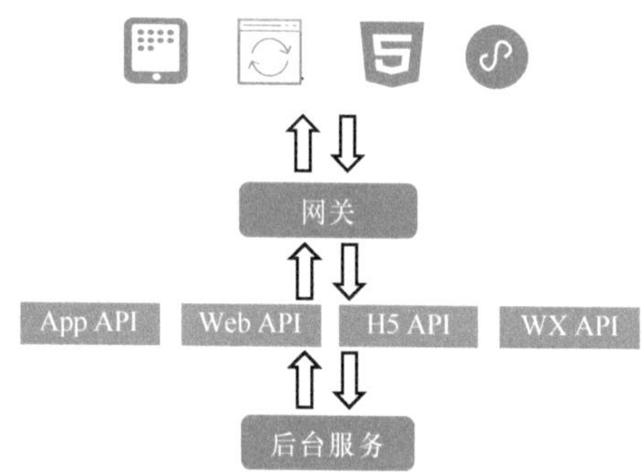

● 图 15-7　使用 BFF 的调用关系

不同的客户端请求经过同一个网关后会分别重定向到专门为这种客户端设计的 API 服务（WX API 即用于微信小程序的 API）。

因为每个 API 服务只针对一种客户端，所以它们可以为特定的客户端进行优化，使得逻辑更轻便，而且响应速度会比一个通用的 API 服务更快（因为不需要判断不同客户端的逻辑）。

另外，每种客户端就可以自己发布，而不需要跟其他的客户端一起排期。

图 15-7 中的架构是通用的，但还需要通过深入研究具体业务来完善。

这次项目所针对的系统非常庞大，整个业务链条所涉及的工作都包含在这个系统中。前面列出了6个服务，但实际上系统的服务有近百个，由几百人组成的研发团队在维护这个系统，分为新零售、供应链、财务、加盟商、售后、客服等几个部门。

大家共同维护一个App，共同维护一个用户界面，新零售、售后、加盟商、客服还有各自的小程序和H5。

为了解耦和分开排期，每个部门肯定会维护自己的API服务，App与PC前端也要按部门实现组件化，此时的调用关系如图15-8所示。

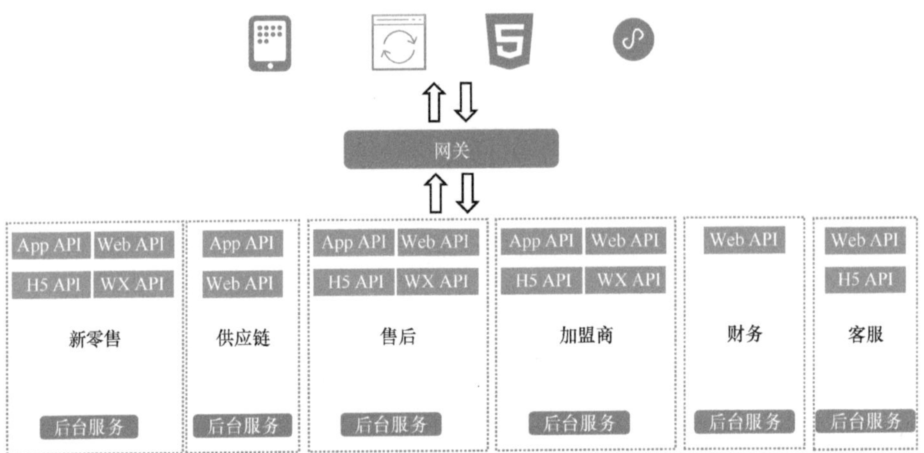

● 图15-8　组件化后使用BFF的调用关系

这个架构基本上就是每个部门都会维护自己的一系列API服务。

接下来展开讨论一些细节问题。

15.4.1　技术架构上怎么实现

整套架构还是基于Spring Cloud实现，如图15-9所示。主要的3层分别如下。

1）网关：网关使用Spring Cloud Zuul。Zuul拉取注册到ZooKeeper的API服务，然后通过Feign调用API服务。

2）API服务：API服务是一个Spring Web服务。它没有自己的数据库，主要的逻辑就是聚合、分布式调用以及装饰数据。它通过Feign调用后台服务。

3）后台服务：后台服务也是Spring Web服务，它有自己的数据库和缓存。

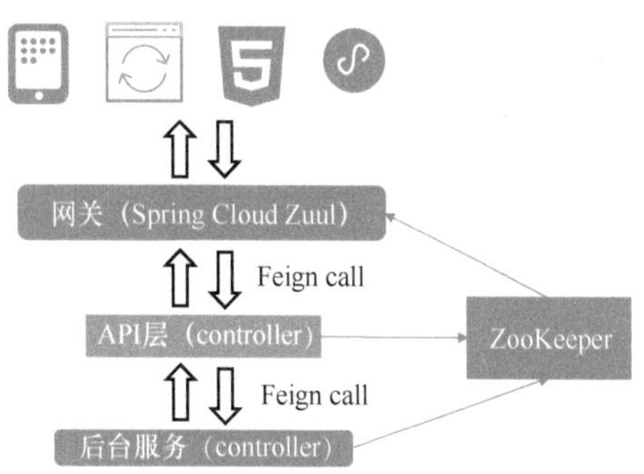

● 图 15-9　基于 Spring Cloud 的分层架构

15.4.2　API 之间的代码重复怎么解决

一般来说，H5、小程序之间的需求都是不一样的。重复的代码逻辑主要存在于 PC 和 App 的 API，因为它们有些页面功能是一样的，只不过布局不一样。针对这一点，几个部门有不一样的逻辑。

1）有的部门是将这些重复的代码放在一个 JAR 里面，让几个 API 服务共用。

2）有的部门是将这些重复的代码抽取在一个独立的称为 CommonAPI 的 API 服务中，其他 API 服务调用这个 CommonAPI。

3）有的部门因为重复逻辑占少数，所以他们的做法就是保留这些重复代码。根据他们的评估，维护这些重复代码的成本会小于维护上述 JAR 或者 CommonAPI 服务的成本。

如果有些 API 服务的出入参和后台服务提供接口的出入参一摸一样，该怎么办？

针对这种情况就会使用 API 服务的接口，其实就是一个简单的代理层，什么事都不用做。

那这些仅为代理的 API 接口能不能直接去掉呢？如果需要，有几个办法可以实现。

1）网关可以绕过 API 服务，直接调用后台服务，但是这样做就破坏了分层。

2）在 API 服务层做一个拦截器，如果这个 URI 找不到对应 API 服务中的 controllermapping，就尝试直接通过 URI 去找后台的服务，有的话就直接调用。

第一个办法因为破坏了分层，很快就被否决了。项目组对第二个办法争执了很久，最终的结论是，这样做会增加系统的复杂度，出问题后调查起来很麻烦，而其好处只是去掉了一些看起来有些累赘的代码，从收益来说，并不会很大。而且这些代码的编写成本非常低，对整体的接口列表来说是可控的。综合考虑后，项目组决定，不去掉这些接口代码。

15.4.3 后台服务与 API 服务的开发团队如何分工

最后的分工是这样的：有一个专门的 API 团队负责这些 API 服务，后台的服务再根据领域来划分小组职责。

这样做的好处就在于，API 团队对所有的服务有个整体的认识，由一个中心团队控制接口的划分，就不会出现后台服务划分不清楚、服务重复的情况。

当然，坏处就在于 API 团队整体业务逻辑偏简单一些，无法让人员长久在岗，所以也会定期进行岗位轮换。

15.5 小结

BFF 这一章就讲完了。本章并不是介绍一个技术方案，而是整体接口开发的管理和设计方案，所以其内容基本都是一些设计思路和具体会碰到的场景。

另外，虽然本章关于 BFF 的内容只占一小部分，大部分是后台服务的分层设计，但是 BFF 的理念贯彻始终。

至此，微服务相关的架构已经讲完了，接下来将会进入第 5 部分开发运维场景实战，讨论如何让开发更高效。

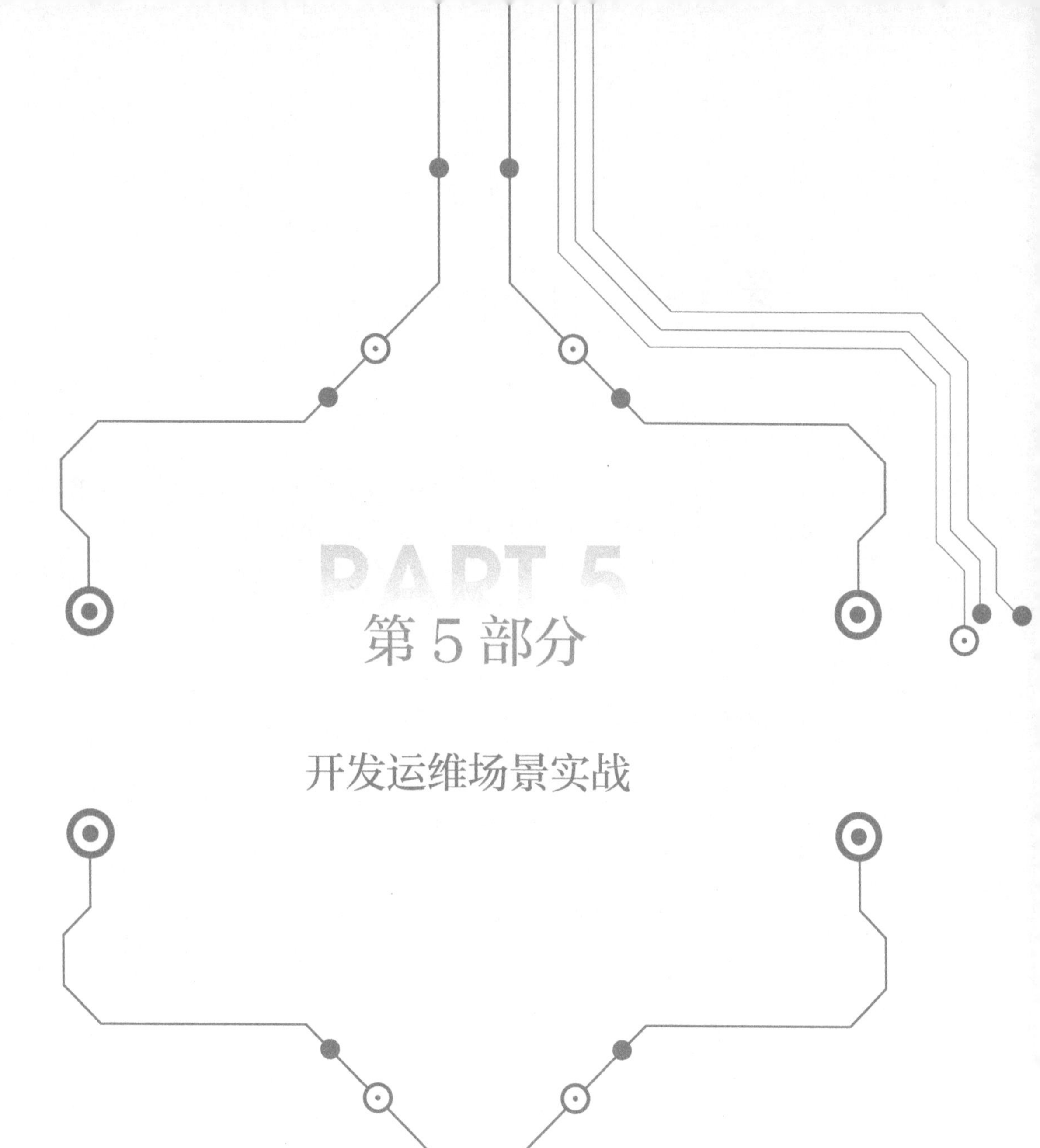

PART 5 第5部分

开发运维场景实战

第 16 章　接口Mock

从本章开始结合笔者的实战经历讲解开发运维场景。这些经历中包含笔者自身思路的一些探索和实践，网上类似的内容不多。看完这些思路后，相信各位在进行自研项目时一定能大大提高工作效率，而且在述职答辩、晋升答辩方面提升也会很大。

下面先讲一个联调相关的场景。

16.1 业务场景：第三方服务还没完成，功能设计如何继续

笔者团队在设计新零售系统时，最在意的两点是前期的方案设计和接口的联调。比如在联调阶段，经常会碰到各种意外，其中最典型的两个场景是这样的。

1. 与公司外部之间的调用

联调外部接口往往需要先申请测试环境，而申请测试环境的时间一般都很长，会耗费很多精力。

比如有一次，需要对接一个第三方支付接口，系统自身的功能需求实现后，对接第三方支付接口的功能还迟迟没有动工。组员不断催商务，商务不断催第三方支付的联系人，第三方支付的联系人一直说在走流程，最终仅仅一个第三方支付接口的测试环境就等了 3 周。

2. 公司内部之间的接口调用

曾经有一个项目需要团队配合另一个部门一起做。

需求宣讲完后就是定排期，然后团队就问合作部门：“这几个接口什么时候可以联调?”

因为合作部门还在赶另外一个项目，便回复道：“我们先一起对接口，等忙完手头这个项目，再给出排期可以吗?”

我们团队道：“那也得给出一个具体的上线计划啊！”

在我们的催促下，合作部门终于给出了一个日期。

过了几天，合作部门手头的项目出现了延期，又过来跟我们说："可能晚几天才能提供那些接口。"

因为需要与对方交互的功能迟迟未动，我们团队也不敢释放人手，担心释放后项目又立即启动，好不容易熟悉新项目后又要回来做这个项目。

为此，项目组坐在一起讨论出了一个解决思路，下面一起来看看。

16.2 解决思路

项目组希望有一个 Mock 接口服务，它能提供与正式服务的 URL、出入参一样的接口，区别是主机名或者 URL 的前缀不一样。

在开发和测试过程中，大家的服务都连接上 Mock 服务进行联调。等到接口或环境搭建好后，无须修改代码，通过一个简单的配置切换即可让服务连接到真实接口服务，然后通过一些简单的回归测试即可实现上线，能大大提升开发效率。此时整体的系统架构如图 16-1 所示。

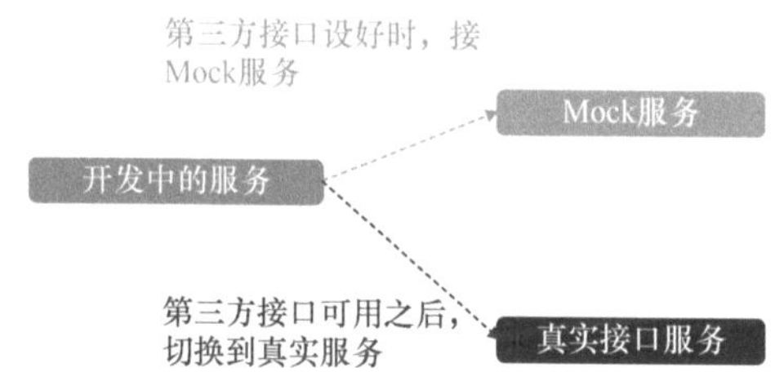

● 图 16-1　Mock 和真实服务切换

这个架构图看起来很简单，不过，如果想实现这个思路，就比较复杂了，因为它包含 Mock 服务端和 Mock 服务客户端调用设计。

16.3 Mock 服务端设计

先讲一下在 Mock 服务端设计过程中都需要满足哪些需求。

16.3.1　Mock 接口支持返回动态字段数据

比如有一个接口输入的参数为 userID、orderID 和 redirectURL（见图 16-2），

输出的参数为 success 和 startTime（见图 16-3），每次调用这个 Mock 接口时，startTime 都需要返回当前时间（见图 16-4）。

● 图 16-2　支持回调链接

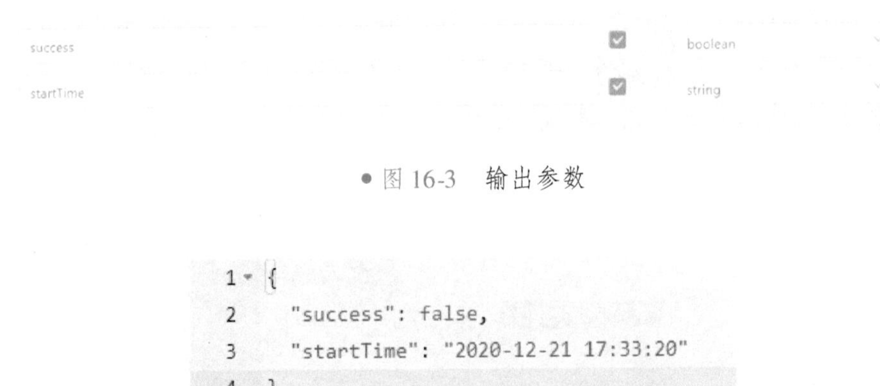

● 图 16-3　输出参数

● 图 16-4　返回动态值

16.3.2　Mock 接口支持一些简单的逻辑

在测试过程中，会通过不同的测试用例走完不同的流程。紧接着上面的例子，比如，若调用 Mock 接口传入的 userID 是 10001，那么 Mock 接口返回的 success 值为 true，否则为 false，而后系统会根据不同的 success 值进入不同的流程。

16.3.3　Mock 接口支持回调

在实际开发工作中，有很多联调接口需要异步回调，比如上面的例子中，如果返回的 success 值是 true，希望一段时间后回调 redirectURL。

16.3.4 Mock 接口支持规则校验

项目组希望通过添加一些规则让这个 Mock 服务对传入的参数进行校验，比如校验 userID 是否为数字、orderID 是否为 15 位数字、redirectURL 是否为 URL 等。

16.3.5 Mock 服务支持接口文档导入

这一点比较特别，比如在设计接口文档时，某些团队直接将接口定义放在 Wiki 上，而某些团队直接写在 Java 代码中，再通过 Swagger 生成在线接口文档。

对于前者，要求定义接口时直接将接口文档放在新的 Mock 服务上；而对于后者，因为不想改变他们的习惯，所以最终 Mock 服务需要支持 Swagger 文档导入。

16.3.6 Mock 服务端实现框架

根据以上 5 点需求，项目组开始寻找一些合适的开源框架。其中，收费的接口文档管理工具有 Apizza、Eolinker，免费的有 YAPI 和 RAP2，出于各种原因，项目组最终决定在 YAPI 和 RAP2 中进行选择。

YAPI 和 RAP2 的对比见表 16-1。

表 16-1 YAPI 和 RAP2 的对比

特　性	YAPI	RAP2
返回动态值	支持	支持
接口是否支持简单逻辑	支持	不支持
是否支持回调	不支持	不支持
是否支持传入参数规则校验	支持	不支持
是否支持接口文档导入	Postman、Swagger	Postman、Swagger

通过对比发现 YAPI 更贴合需求，开发人员只需改动一个小功能即可满足所有需求。

因此，在 Mock 服务端的实现过程中，最终基于 YAPI 进行二次开发。

16.4 Mock 服务客户端调用设计

讲完 Mock 服务端，接下来看看调用 Mock 服务客户端时，都需要考虑什么。

16.4.1 Mock 服务如何支持基于二进制流的接口调用

因为历史原因，系统中有些服务间调用使用 Spring Cloud Feign，而有些服务间调用使用基于二进制流序列化的 RPC（当然是基于 TCP 协议）。

如果服务间的通信基于二进制流而不是 JSON，就无法在 YAPI 上通过简单的界面定义来输入、输出参数，且 YAPI 也不支持二进制流的调用，此时解决方案如图 16-5 所示。

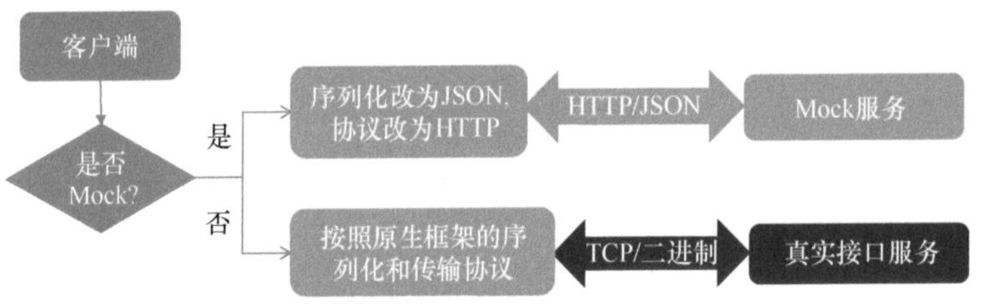

● 图 16-5 二进制流和 JSON 切换

该方案中添加了一个拦截器，它会拦截所有服务间调用的请求，并增加一个判断。如果访问的地址是 Mock 服务，就使用 HTTP 协议，并且通过 JSON 进行序列化和反序列化，这样问题就解决了。

这里需要补充一点：有些第三方接口会使用 XML 格式（很多银行的接口就是这样），最终项目组决定先不支持自定义 XML 格式的接口，因为改造 YAPI 的工作量实在太大。

16.4.2 Mock 服务客户端如何简单切换 Mock 与真实服务

这里要考虑以下两种情况。

1）对于第三方接口，只需在配置中将第三方接口的 Host 改为 Mock 服务的 Host 即可。

2）对于微服务间的调用，Spring Cloud 中的微服务定义都是服务级别，但是在实际开发的场景中，需要使用接口级别的 Mock，比如开发的 operationService，它依赖于 productService 的几个接口。因此，在新项目中，还需要在 productService 中新增几个接口，且它们必须调用 Mock 服务的接口，而原先的接口继续调用真实的 productService 中原来做好的接口。此时需要在配置中心增加两个配置项：mock. apis 和 mock. host，每次服务间调用时，先判断调用的 URL 是否在 mock. apis 字符串列表中，如果在，则让它调用 mock. host 这台机器。特别说明一下：关于这一点，笔者所在团队也出过错。因为在上线时配错了 mock. apis 和 mock. host，导致线上环境使用了 Mock 服务，所以需要考虑如何预防线上环境使用 Mock 服务。

16.4.3 如何预防线上环境使用 Mock 服务

之后编写了检查代码：在服务启动时，先判断当前的环境名称，如果是 prod（线上环境），就先判断 mock. apis 中是否有值，有的话提示异常；然后扫描所有的 properties 配置，如果配置中包含 Mock 服务地址，则说明有些地方配置了 Mock 服务的调用，也提示异常。

到这里，整体的 Mock 调用方案就完成了。

16.5 小结

Mock 服务上线使用后，如果第三方服务或者其他团队的接口还没有准备好，可以直接根据接口文档配置 Mock 接口，并且所有测试人员都可以基于这些 Mock 接口展开测试。测试成功后，就可以释放团队成员，安排他们开展其他项目。

等第三方服务或其他团队的接口完成后，再抽调部分成员回到该项目进行简单联调和回归测试，从而实现了系统快速上线。最终整个团队对这个 Mock 服务的评价也不错。

到这里这一章就讲完了，下一章将讲解如何解决测试环境不够用的问题。

第 17 章　一人一套测试环境

本章开始讲第 16 次架构经历：一人一套测试环境。同样，先介绍业务场景。

17.1　业务场景：测试环境何时能释放出来使用

当时，公司的基础设施使用的是虚拟机，而且还未迁移到容器。

公司一共搭建了 3 套测试环境。之所以是 3 套而不是只有 1 套，主要是考虑到多个项目同时进行时需要分开测试和分开上线，而 3 套测试环境在一定程度上可以避免这些并行项目因为排队而导致延期的情况。

一般来说，研发流程是这样的：需求宣讲——> 接口/方案设计——> 功能开发——> 联调——> 测试——> 预生产——> 上线。

在这 3 套测试环境中，一套专门用于联调，另外两套专门用于测试。

那么，一套联调测试环境够用吗？答案是不太够，因为经常需要排期使用。那么两套测试环境够用吗？也不够。这里讲一个具体的例子。

之前有一个项目已经进入测试环节，功能测试反馈没问题后等待第三方验收，可是第三方的验收拖了很久，以至于不得不继续占用测试环境。

之后又有一个小的迭代项目要求一周后上线，并且还有一个上百人做的超大项目刚进入测试阶段，所以又需要两套测试环境。此时测试环境就不够用了，而且联调环境都被征用了。

然后，业务方还提了一个加急需求要求当周上线，于是出现了下面这段对话。

甲："我们有个紧急需求这周四要求上线，你们能不能把测试 1 让一下？"

乙："不行，我们这个功能需要测试一周，下周四就要上线了。如果让给你们一天，我们就要延期一天上线了。"

甲："其实是两天……"

乙："那更不行了。要不你问问 XX，他们在做的项目周期长，应该能让给你们两天。"

甲："不行吧，那个项目号称公司第一优先级，我开不了口啊！"

乙："不然你们就用测试 3？"

甲："我哪敢啊，那个验收项目是领导亲自跟的。"

乙："可是我们也不能延期啊，业务方都确认过很多次了，我们也跟合作伙伴谈好了。"

"……"

最终就是因为抢测试环境的问题，导致紧急需求上不了线，有苦也没地方说。

在实际工作中，一个组同时开展好几个项目的情况经常发生，尤其是业务对接方比较多的小组。为此，公司决定着手解决这个问题。

17.2 解决思路

公司希望达成的目标是可以快速搭建一套新的测试环境，用完马上销毁。

针对这个目标，解决思路如下。

1）利用容器的特性，在几秒内快速启动服务实例。

2）将测试环境需要搭建的服务通过容器实例部署起来。

3）将这些容器通过 Kubernetes 管理（编排）起来。

那么，这一整套测试环境都需要包含哪些服务器？

如图 17-1 所示，每套测试环境中需要部署的组件有 MQ、ZooKeeper、Redis、配置中心、数据库、API 服务、后台服务、网关等。

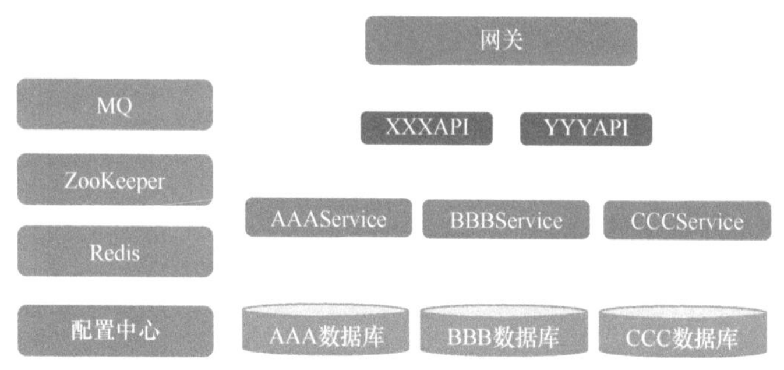

图 17-1　测试环境服务范围

决定使用容器灵活创建测试环境后，项目组针对每一套容器环境是包含全部组件还是部分特定组件调研了很久。

用过容器的开发人员都知道，在容器中部署 MQ、ZooKeeper、Redis 或配置中心是一件很简单的事情。比如使用容器部署 Redis，只需要输入以下两行命令即可。

```
$ docker pullredis
$ docker run --name a-redis-name -d redis
```

使用容器部署 ZooKeeper、MQ 的方法与之类似。不过这里有点不一样的是，公司所有的中间件基本都不是纯净的开源版本。比如配置中心，公司并没有使用 Spring Cloud Config，也没有使用 Nacos，而是使用了一个完全自研的产品（MQ 和网关都是自研的），它既不支持容器，也不支持单机版。而 ZooKeeper、Redis 是基于开源版本的，并在服务端加了一些封装。

此时，客户端强制使用一个自定义的客户端 SDK，且使用的中间件必须强绑定配置中心。

之前评估过，如果把这些中间件部署到容器中，将会出现以下 3 种情况。

1）中间件服务端改造成本大。

2）客户端的 SDK 需要进行大量的改造。

3）最重要的一点是，会导致容器环境与其他普通环境存在很大的代码差异。因此，即使在容器中测试没问题，也需要在其他环境中进行大量测试，此时容器测试环境就没有什么意义了。

为此，最终决定在容器测试环境中只部署独立的 API 服务或后端服务，其他组件直接重用测试环境的中间件，如图 17-2 所示。

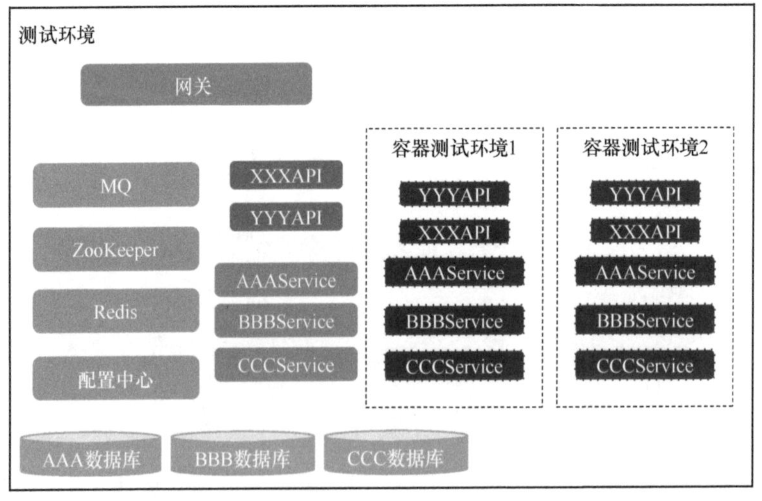

● 图 17-2　容器测试环境示意图

基于以上设计方案，如果想快速部署一套独立的测试环境，一般需要解决哪些问题？因为容器测试环境复用了测试环境的一些组件，所以需要解决以下 5 个问题。

17.2.1 API 服务间的隔离

如何确保容器环境的客户端请求能到达容器的 API 服务，而非仍然到达测试环境的 API 服务？

当时的系统是这么设计的：每一个 API 服务中都会带一个配置项 channelID，然后客户端每次访问 API 时都需要加上一个 channelID 参数；网关层接收到这个请求后，会根据 channelID 将请求匹配到对应 channelID 的 API 服务中（当然 URL 也需要匹配），此时整个隔离过程就比较简单了。

先介绍一下具体的研发流程：每个项目都有一个 JIRA Issue，而 XXX123 就是一个 JIRA Issue ID，项目组会为每个项目单独创建一套容器测试环境，于是这个 Issue ID 自然而然地被当作了环境标识。

再回到 API 的隔离。一般来说，客户端会把上面的 channelID 放在配置文件中，等到容器测试时再打一个包，此包中 channelID 的配置值为 JIRA Issue ID，也就是容器测试环境的标识。最后，会在容器环境打包 API 服务时，自动将 channelID 的配置值改为 JIRA Issue ID。

具体的调用请求处理过程如图 17-3 所示。

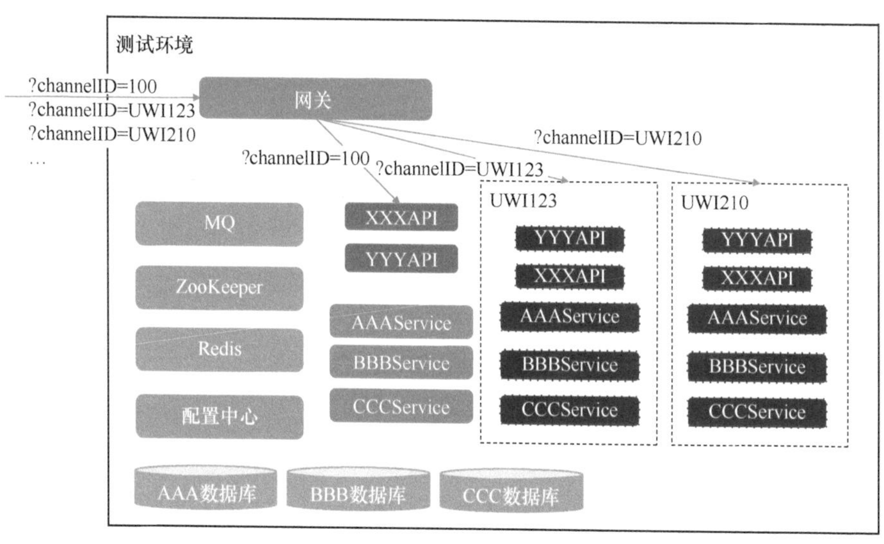

图 17-3 利用 channelID 导向不同容器环境

在图17-3中，网关层接收到所有请求后，会根据不同的channelID将请求分发到不同的API服务中。这样，API服务的隔离问题就解决了。

17.2.2 后台服务间的隔离

如何确保容器环境部署的服务只调用容器服务，而测试环境虚拟机的服务只调用虚拟机服务？

当时的系统是这样设计的：在打包RPC服务时，将一个环境变量env的值设置为容器测试环境的标识，也就是JIRA Issue ID，比如XXX123；然后每个RPC服务注册ZooKeeper时，将在Service的metadata中加一个tag参数，并设置tag的值为XXX123。之后，RPC服务只会调用同样tag的服务。这是什么意思？

比如测试环境中有3个UserService，其中，一个是测试环境的虚拟机，两个是容器测试环境部署的UserService。前者的tag为空，后两个容器UserService注册ZooKeeper后，它们的tag值分别为XXX123和XXX245。OrderService调用UserService时，如果OrderService也是XXX123这个容器环境的服务，则它只会调用带XXX123这个tag值的UserService；如果它是正常虚拟机的服务，则只会调用不带tag值的UserService。

这样，后台RPC服务间的隔离问题就解决了。

以上要点中并没有提及ZooKeeper，因为API和RPC服务的隔离问题解决后，ZooKeeper的数据隔离问题基本也解决了。其实，ZooKeeper在每套测试环境中起到的作用只是API服务和RPC服务的注册发现。

17.2.3 MQ和Redis隔离

如何确保容器环境和虚拟机之间的MQ消息不互串、Redis数据不互相影响？

项目组本来想使用类似tag的概念来解决这个问题，通过封装MQ与Redis的客户端代码让它们只消费同样env值的服务生产的内容。

但是，还需要遵循以下原则：尽量减少容器测试环境与正式环境的代码差异。针对这个问题，项目组讨论了很久，最终认为没必要专门定制，只需保证走测试流程时使用不同的测试数据就可以了（不同的项目一般都会使用不同的测试数据，包括不同的用户、不同的订单等），这样基本不会再出现不同容器测试环境流转相同MQ消息、缓存数据的情况了。

当然，Redis 中的一些通用数据还是会被共同使用，比如城市的基础数据。不过这些数据即使在不同容器测试环境之间互相串联也没关系。

17.2.4 配置中心数据的隔离

对于配置中心是这样设计的：如果容器测试环境的值与虚拟机测试环境的值不一样，不会修改配置中心的值，而是在容器环境的启动脚本中动态加上针对各自容器测试环境的环境变量，然后在业务代码中启动环境变量优先级高于配置中心的参数，这样就确保了容器测试环境的特殊配置，从而不影响配置中心的值。

17.2.5 数据库间的数据隔离

数据库互相影响的情况一般有两种。

1. 测试数据互相影响

这一点其实和 MQ、Redis 的情况一样，只需要保证测试数据各自独立即可。

2. 数据库结构兼容问题

比如同时进行两个项目，XXX123 这个项目删除了 user 这张表的 updateFlag 字段，而 XXX100 这个项目还需要使用这个字段，此时如果两个项目共用一个数据库就会互相影响。

其实，这一点在第 2 章中介绍过：每次版本迭代时，都需要保证数据库可以兼容前一个版本的代码。比如刚刚那个例子，不能直接在 XXX123 中删掉 updateFlag 字段，而是等 XXX100 上线后再删掉。

关于数据库兼容前一个版本，再举一个例子。比如在 XXX123 这个项目中增加了一个字段 updateUserID，且该字段的值为必填，否则数据就会报错；而 XXX100 这个项目并不会更新 updateUserID，这样如果 XXX123 读到了 XXX100 写入的数据就会报错。

这种情况该如何处理？此时可以在项目 XXX123 中增加一些代码让它可以容错，即允许 updateUserID 为空。也可以将项目 XXX123 与项目 XXX100 部署到不同测试环境的数据库中。

解决完上面这些问题后，基于现有测试环境快速部署多套容器环境的方案设计就基本完成了，接下来再简单介绍一下使用流程。

17.3 使用流程

使用流程是这样的，每次新建一个工程时（新的 API 或者后台服务）都会在 Jenkins 上配置一个 Job，而这个 Job 需要接受以下 3 个参数。

1）Branch，即需要部署的代码分支。

2）测试环境 test1/test2/test3（已经有 3 个测试环境，它决定了部署需要使用哪个测试环境的中间件）。

3）容器测试环境标识，也就是 JIRA Issue ID。

这个 Job 启动时，需要调用一个小工具，而这个小工具需要连接 Kubernetes 创建 namespace（=JIRA Issue ID），然后在 namespace 中增加一个 pod（pod 中运行的是专门为 JIRA Issue ID 打包的代码）。

在做某个项目时，假设 XXX123 需要使用 UserAPI、UserService、OrderService、ProductService，就会配置一个新的 Jenkins Job 来联动 UserAPI、UserService、OrderService、ProductService 的 Job，并且将各个服务对应的 Branch、测试环境和 JIRA Issue ID 传入 Jenkins Job（这些值都通过硬编码配置在新的 Jenkins Job 中）。之后，每次点击这个项目的 Jenkins Job 时，就可以对其容器测试环境进行部署了。

当然，如果项目成员想自己部署一套环境，此时只需单独配置一个新的 Jenkins Job，并找一个不一样的（比如开发任务的 Issue ID）容器测试环境标识即可。

通过这套方案可以实现图 17-4 所示的效果，项目基本不会再陷入因缺少测试环境而延期的境地。

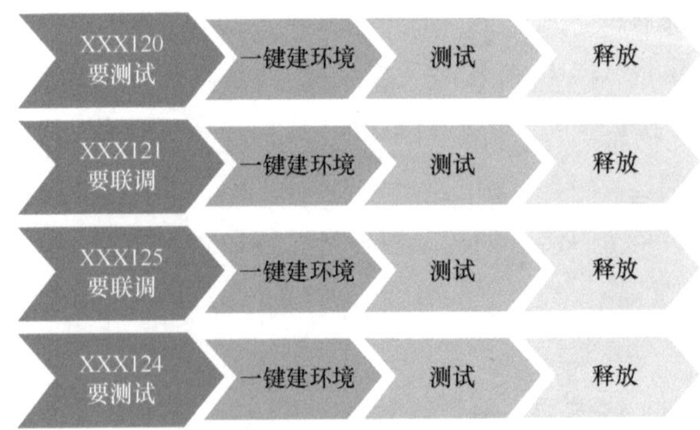

● 图 17-4　每个需求独立的测试进程

一人一套测试环境的方案成本其实非常小，因为代码改动很少，且一两周就可以把整个方案实施完成（时间主要用在申请服务器和部署 Kubernetes 上）。

此方案上线后，得到了使用者的一致好评，尤其是测试人员，这里总结了 3 点原因。

1）再也不需要因为协调测试环境花很多时间沟通了。

2）一键就可以将相关服务部署起来，不再需要一个服务一个服务地部署。

3）因为容器测试环境的搭建很简单，开发人员每完成一个功能，测试人员即可介入测试，而不需要等整个项目提测后再介入，大大缩短了提测后的测试周期。

总体来说，这个项目的效果非常好，而且之后的容器测试环境基本上保持人均一套的使用状态。

17.4 小结

到这里，16 次架构经历也就讲完了。接下来的结束语，不讲架构经历，将通过 3 次真实的经历向大家分享：如何成为不可或缺的人。

第18章 结束语：如何成为不可或缺的人

如何成为一个优秀的架构师？这个问题其实分为两种情况。

1）面霸型架构师。

2）领导眼中不可或缺的人。

前面的一种，如果你做到以下两件事，很大概率可以做到。

1）认真学习16次架构经历，完全理解背后要解决的场景问题。

2）把里面用到的技术及其在这些经历中用法背后的原理搞清楚。

下面主要讨论如何成为领导眼中不可或缺的人。为什么把这两个问题分开谈？因为面霸型架构师不一定就是领导眼中不可或缺的人。

下面讲几个笔者的真实经历。

18.1 无关职责，帮领导解决技术难题

我工作第三年的时候，认识了一个老板，他有个做国外外包的公司，觉得我技术不错，一直希望我加入。不过我没答应，只是愿意给他兼职当顾问。某个周六，他打电话给我，说他们的系统碰到一个问题，做了某一个操作后，整个页面就会冻结，怎么点都没有用，他们的技术人员没有头绪，客户一直在催，让我赶紧帮忙看看。

我打开看了一下，的确是做了操作后，整个界面都无法点击或输入信息了。然后我重现了很多次问题，发现整个界面冻结的时候，好像颜色有点不一样，会不会是一个透明的浮层置顶了？

最终确认，确实是bug造成浮层没退出。

那么为什么他们的技术人员都没有头绪？因为他们主要是后端开发，JS经验比较少。看了我的经历，你应该猜得出来，其实我也是偏后端的。

可是，你可以跟领导说，这个问题不属于我的专业范围，因为我是做后端的吗？

领导不在乎你的职责是什么，老板最喜欢的是可以帮他解决技术难题的人。

18.2 理解领导的非技术问题

再说第二个经历，这是在外企碰到的一个问题。

有一天，公司的领导过来问我："你有没有觉得我们的开发速度很慢？是不是我们的技术不行？"

"您能跟我详细说说，是哪些地方慢？"

"产品部的人跟我说，他们现在提一个需求，经常需要好几个月才能上线，有时候一个简单改文字的需求都是这样。"

这个问题确实不好解释清楚，因为这次沟通一开始就不在一个维度上。

开发人员认为，说开发速度慢，应该是指开始开发到最终上线的时间久。

可是领导认为，一个需求从提出到最终上线的时间久，就是开发速度慢。

另外，开发速度慢算是一个技术问题吗？可以算，也可以不算。

那么最终怎么解决？

开发团队一起讨论后列出了所有影响开发效率的问题，然后能用技术解决的就用技术解决。

表 18-1 所列为其中两个典型问题。

表 18-1　影响效率的问题

问　　题	解决方案
代码改动后的系统部署等待环境部署的时间很久	通过 Jenkins 的流水线，代码一提交，就会自动打包部署到测试环境
代码质量差，在测试环境中阻碍了流程，影响测试	增加自动化脚本，部署完先运行测试脚本，一旦脚本运行失败就发送邮件通知开发人员

所以有时候领导跟你谈的问题并不是单纯的技术问题。你需要把领导的问题转化成技术可以解决的问题。

18.3 弄清领导对你的期望值

可能有人会想，开发效率低这种事情不应该找架构师，这是管理的问题。下面接着讲第三个经历。

公司原来的系统用了4年，架构相对比较老旧。然后有一个新的项目，需求比较多。

一位架构师就提议，能不能趁着这次的需求把架构更新一下。之后，他就跟另一位负责这个项目的技术总监仔细讨论了架构更新的代价和好处，最终达成了一致的意见。

然后，他们一起将这个提案给了CTO，向CTO陈述了新架构的好处及代价。代价就是多花3周的时间，好处就是以后系统会更稳定，问题更少，迭代速度也会更快。

CTO是产品经理出身，爽快地同意了，然后团队就开始了如火如荼的项目开发。

当然，任何一个项目都有各种各样的变数。

比如业务方临时的需求变更：他们之前没考虑清楚，还有一部分流程的遗漏，这部分遗漏必须解决，否则系统无法使用。

再比如更新为新架构时，有些系统要迁移过来，有些系统决定不迁移，直接对接。但是开发过程中发现，原来决定不迁移的某个系统，因为数据库耦合的原因也必须迁移。

当然，也有部分人员因为不熟悉新架构，就需要多花一点时间去学习。

最终，项目果然延期了。

某一次会议期间，CTO就说："咱们的架构师不行啊，这次系统上线以后如果不稳定，就把他开了。"

开发这边惊讶地问道："为什么？还有其他的原因吗？"

CTO说："你看这次项目，本来要一个半月做完，因为加了新架构的迁移工作，变成两个多月了，现在都快拖到三个月了。这明显是架构师的问题，早知道这样的话，还不如不换新架构。"

然后开发这边就帮忙解释道："这其实不全是架构师的问题，项目中不是还有一些需求变更吗？"

CTO说："我知道，但是那些需求我看了，改动不大，不至于拖期一两个月。"

开发这边都沉默了，心想："当初迁移新架构，领导也是同意的。"

然后在CTO离开后，开发团队的两个总监私底下商量，一定要保住这个架

构师，不能让他一个人担责任。

后来一次聚餐的时候，CTO 跟开发团队解释道，他的压力也很大，本来跟老板说好可以按时完成，结果拖了这么久。关于架构迁移，老板原来是同意的，可是第二个月他已经忘记这件事了。老板对软件研发没什么概念。

团队事后回顾了一下，这件事情之所以是架构师担责，其实最重要的一个原因在于：老板对架构师的期望值是什么？是开发效率、系统稳定性保障，还是复杂问题的突破？

而这整件事情会由架构师承担的原因就是，大家对架构师的期望值是不一样的。

所以我认为，作为架构师最重要的一点就是要明白公司对你的期望值。

18.4 小结

这就是我的 3 段经历。当然，架构师的优秀有很多的维度可以讲，以上经历并不代表所有公司的评判标准。

不过，希望这些分享能给你一点启发。当然，如果能够让你感同身受，那将是我最大的荣幸。